化妆女神

从初学到高手

【韩】俞火理/著　陈晓宁/译

FROM
BEGINNER
TO
MASTER

青岛出版社
QINGDAO PUBLISHING HOUSE

目　录

第一章
基础化妆工具和清洗方法

化妆工具

EYE（眼部）
芭比波朗 – 眼影 02 花蕾、23 褐银、10 烈茶红

EYE LINE（眼线）
植村秀 – 手绘眼线笔 黑色

BROW & CURL（眉毛和睫毛）
植村秀 – 自动砍刀眉笔 深褐色
得鲜 – 双色眉粉 01 自然褐色
魅可 – 持久纤长睫毛膏

FACE（面部）
玫珂菲 – 紧致粉底液 10号
魅可 – 矿物高光修容粉饼 深褐色
贝玲妃 – 蒲公英蜜粉（腮红）

LIP（唇部）
魅可 – 矿质持久润唇膏（口红） 淑女色（Be A Lady）

化妆刷

　　跟以前相比，现在越来越多的人开始使用化妆刷化妆。但问题是化妆刷的价格并不便宜，再加上它的种类繁多，所以有的人就会为难了："应该买什么样的呢？""该怎么使用呢？"。也有的人会疑惑："一定要用化妆刷才能化妆吗？"我认为不一定非要用化妆刷来化妆，说它是化妆的必需品，倒不如说这是一种选择。

　　化妆刷种类较多，用途不同，学会选择合适的化妆刷，会非常有效地补充个人技能方面的不足，而且能够更快、更简单地完成妆容。所以我整理了现在市场上出售的化妆刷中可以作为基础工具用的，以及在你能够比较自信地使用化妆刷时，可以追加购买的。

必备基础化妆刷

粉底刷

粉底刷是用来蘸取粉底，并将其均匀涂抹在脸上的化妆刷。

请这样选择

－用真毛制作的刷头会吸收粉底，因此建议选择人造毛刷头。

－选择可以将产品细腻地涂抹在脸上的扁平状刷子。

－将粉底涂在脸上后，如果留下刷子的痕迹，除了跟涂抹技巧有很大的关系，跟刷子的质量也有很大关系。购买时要选择化妆刷的刷毛末梢剪裁规则整洁的，并且越到末梢越薄的。

－粉底刷的弹力非常重要，当你将刷子垂直放在手背上按压时，弹力比较好的刷子的刷毛末梢不会上浮，能够紧紧贴合着肌肤纹理。离开手背，刷毛能够及时恢复到原来的状态，并且不会分向两边。

产品推荐

毕加索－FB17 | COURCELLES－粉底化妆刷22号 | LOHBS（韩国药妆品牌）－粉底刷 | VDL（韩国彩妆品牌）－粉底刷

遮瑕刷

想要更加有效地遮盖脸上的斑痕和黑眼圈，只用粉底会有一定的局限性，因此可以选择适合不同部位的遮瑕膏，并建议选择与其匹配的刷子一起使用。遮瑕膏涂抹得均匀细腻才能有效地遮住斑痕，并且还可以提高遮瑕的持久力，所以备一个遮瑕膏专用化妆刷是非常有必要的。虽然根据斑痕的大小和种类，使用不同的化妆刷会让效果更好，但事实上准备这么多的遮瑕刷并没那么容易，因此建议大家在购买时，选择比较适中的尺寸即可。

请这样选择

－建议选择富有弹力、刷毛经久耐用的人造毛遮瑕刷，这样遮瑕产品不会被吸收，能够完美细腻地贴在肌肤上。

－刷毛长度对遮瑕产品的服帖度影响很大，选择12~13毫米的长度比较合适。太长容易留下刷痕，太短则会降低遮瑕膏在鼻孔周边等比较窄、凹凸曲折的部位的服帖度。

－选择刷毛尖部裁剪细致的遮瑕刷。

产品推荐

思亲肤－高级触感遮瑕刷 | 得鲜－遮瑕刷 | LOHBS－遮瑕刷

阴影刷（散粉刷）

阴影刷大部分是天然毛（也就是动物毛）的，再加上与别的化妆刷相比，它的"个头"有些大，所以价格有点贵。如果图便宜购买那种毛质低级的产品，使用时容易刺激皮肤，还会有色素渗入肌肤。因此，即便是贵一点，在阴影刷上还是要果断地"投资"。

请这样选择

－刷毛柔软、易刷开的天然毛阴影刷会更好一些。

－因为阴影刷是用来刷面部、颈部、锁骨等面积比较大的部位的，所以对于初学者来说，选择刷毛整体比较丰满、浑圆的倒置圆形刷会比较适合。

－选择刷毛间没有缝隙、紧凑密致、毛质柔软的阴影刷。刷毛的质地太硬，容易将阴影涂得比较浓，且显得斑驳不均匀。

产品推荐

毕加索－602 | 大创－蜜粉刷

高光刷

用高光刷涂抹产品时不会让产品涂抹得过厚，能够淡淡地涂在肌肤上。不仅是刷高光，用它来刷腮红、定妆粉也不错。它比一般腮红刷的尺寸要小，用它来刷腮红时，先蘸取一些腮红，靠近鼻翼的脸颊部位，轻轻滚动刷子就可以打造出自然可爱、明亮动人的双颊。作为定妆粉使用时，它能够有效锁住油光，塑造清透明亮的美丽妆容。

请这样选择

－高光刷一般是用在面部比较窄小的部位，像颧骨、额头、鼻翼等，所以刷毛的尺寸不要太大。如果不能强调出正确的位置，就会让妆容失去立体感。此外，刷毛尺寸太大的刷子容易刷掉底妆，而且涂抹时容易超量涂抹粉质粒子，所以比起刷毛的种类，刷毛的尺寸更重要，购买时需要考虑到这一点。

－材质上天然刷毛和人造刷毛这两种都可以，要远离那些刷毛比较硬的产品，高光刷的刷毛如果比较密密匝匝，刷毛就会吸取过量的珠光粉，涂抹时就会涂得比较厚，让妆容不自然。相反，如果毛质过于绵软无力，刷毛就不能有效地吸附珠光粉，会导致浮粉严重，珠光粒子散落在整个面部。

产品推荐

毕加索－Pony 14 | VDL－腮红和高光刷

腮红刷

腮红刷是用来涂刷腮红产品的刷子。

请这样选择

－比起刷毛的种类，它的尺寸和形状更为重要。如果想要选择比较物美价廉的产品，可以选刷毛比较柔软、毛量比较多的人造毛产品。若刷毛的毛量太少，在涂刷脸颊时，容易弄花面部；相反，毛量太多则不容易在两颊涂出对称的形状。

－选择那些从侧面看起来裁剪面略圆、略扁平的刷子，刷毛整体太圆的刷子虽然能很好地混合妆容，但容易浮粉，而且持久力不够好。

－购买腮红刷时可以将其水平放在眼睛下面，试一下它是否超过自己眼睛的长度，宜选择不超过自己眼睛长度的腮红刷。

产品推荐

迈克高仕－腮红刷 | 毕加索－108 | VDL－高光刷

眼影底妆刷

这是涂抹眼影时的基础刷之一，横向可以涂刷基底色，竖向可以涂刷中性色，是一款多效化妆刷。只用这一把刷子就可以搞定眼部妆容，是一款"入门刷"。

请这样选择

－天然毛和人造毛两种都可以。刷毛柔和、裁剪好的刷子使用起来会更顺手，不会刺激眼睛。若刷毛太硬，初学者使用时容易弄花妆容，或是造成晕妆现象，也不好掌握深色眼影的用量。

产品推荐

大创－眼影刷 | 毕加索－239 | 魅可－239

眼影混合刷

眼影混合刷是用来将不同颜色的眼影混合在一起的刷子。按照最近活用无光眼影或粉色眼影的化妆趋势来说，这是一款比较受欢迎的眼影工具。可以说眼影混合刷是最大化地减少眼影的层次和重叠感的一款"利器"。有了它，即使是没有珠光的暗色眼影，也可以涂抹得非常均匀细腻，不会晕妆；想要在整个眼窝塑造渐变的层次感也非常容易，不会弄花妆容。

涂眼影时，如果不小心弄花了妆，可以将刷毛垂直竖立，用刷毛尖部轻轻刷两下，就可以修复弄花了的地方。如果能掌握好使用时的力度，亦可以作为鼻子阴影刷使用。

请这样选择

－眼影混合刷大部分都是天然毛，毛质比较柔软，同时比较有力。用高级羊毛制作的刷子效果非常好。

产品推荐

魅可－217 | 毕加索－217

重点眼影刷

重点眼影刷能有效地帮助你涂抹重点色彩的眼影。因为它长得比较像子弹，所以又被称为"子弹刷"，现在市面上有多种大小和类型的子弹刷出售。而我给大家推荐的这款重点眼影刷相对较小，是圆锥形的，能够非常容易地涂抹出深色眼影的渐变效果。想要在眼尾画着重线或是想要让眼神看起来更为深邃时，使用这款重点眼影刷效果会很好。不用烟熏妆也能够强调出眼神的深邃感，所以很适合单眼皮女生。

请这样选择

－比起强调刷毛是天然毛还是人造毛（我现在用的是天然毛质刷），刷毛的剪裁、形状、整体粗细更为重要。根据这些因素选择毛刷，会更容易画出想要达到的效果。

－选择刷毛细密、力度比较好的产品，才能最大化减少涂刷重点色彩眼影时出现的飞粉现象。

－刷毛的整体厚度不要超过12毫米，便于初学者操作。

产品推荐

魅可－219 | 毕加索－777 | LOHBS－铅笔刷（Pencil Brush）

眼线刷

提到眼线刷，我想大部分人脑中会浮现像铅笔一样比较纤细、尖锐的刷子。但事实上这种刷子并不适合初学者。因为画眼线时，如果刷子不够稳定，握住笔的手就容易颤抖。初学者想要用铅笔状的刷子画眼线，需要练习一定时间。

请这样选择

－选择不吸收眼线液的人造刷毛会更好一些。

－刷毛长度在4~7毫米、刷毛宽度在3~6毫米是最适合的尺寸。

－毛质硬实、整体呈扁平状的刷子会更好一些。这种形态的刷子都有基本的宽度，所以只要沿着眼线部位来回刷几次，就能够比较容易地完成眼线。最后在眼尾点一下就非常容易画好。因为每个人的眼睛形状都不一样，可以根据自己的情况，选择最适合自己的眼线刷。

产品推荐

OLIVE YOUNG（韩国品牌）－眼线刷 | 悦诗风吟－眼线刷 | 毕加索－Proof 14 | 魔法森林－便携式眼影刷

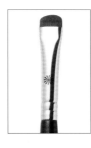

眼影渐变刷

虽然眼影渐变刷在过去化妆时没有用到过，但眼妆流行趋势已逐渐由过去追求色彩鲜明的眼影，改变成现在崇尚能够演绎出自然妆容的眼影。因此眼影渐变刷也成为一款不可或缺的刷子。眼影渐变刷的作用主要是将画好的眼影的交接线整理得光滑不分层。蘸取漂亮的眼影后，用它涂在没有填满的眼线纹路上或是眼皮比较深的皱纹里面，起到填充的作用。

请这样选择

－天然毛和人造毛都可以，不分种类。要仔细察看刷毛的厚度和毛尖的裁剪状态后再购买，这一点非常重要。

－尽量选择扁平状的刷子。特别是对于初学者来说，选择宽度相对大一点的刷子比较好。

产品推荐

魅可－212 | OLIVE YOUNG－流线型渐变眼影刷（line gradation brush） | 毕加索－306

射线刷

　　射线刷是用来画眉毛的一种刷子，刷毛的剪裁面呈射线状。眉毛是面部比较窄的一个部位，因此一定要选择适合自己的刷子，这样才能在正确的位置上涂画眉形。如果刷毛绵软无力，容易出现浮粉现象，不能很好地表现出眉粉颜色，所以一定要选择质地硬挺的刷子。

请这样选择

　　－虽然也有剪裁比较好的人造毛产品，但刷毛轻柔、力度适中的天然毛不仅使用起来比较容易，而且还能让眉粉细腻地贴在肌肤上，保持长久的定妆效果。

　　－选择毛尖剪裁整洁，毛质坚实有力的刷子会更好。

　　－选择那些在眉毛上画眉形时，刷毛不分散、能够很好地聚拢在一起的刷子。

产品推荐

思亲肤－眉形刷 | 毕加索－301

螺旋刷

　　螺旋刷和射线刷算是一对"好朋友"。为什么这么说呢？如果说射线刷担当了描画眉形、填充眉毛间空隙的"铅笔"角色，那么螺旋刷则可以被称为"橡皮擦"。在画眉毛时如果不小心画坏了，只要用螺旋刷刷几下，就能够适当地调节颜色浓度。虽然有很多人常用棉棒修整眉形，但是用棉棒修整容易出现斑点，用螺旋刷则更加方便有效。最重要的是螺旋刷还能将眉毛梳理得非常整齐，这也是它非常重要的一大用途。它是整理眉毛、描画眉形时不可或缺的一款刷子。

请这样选择

　　－现在市场上出售的螺旋刷大部分比较粗，比较硬，这种螺旋刷不容易调节眉毛的浓度，会让初学者花费很长时间，所以很多人不重视螺旋刷。然而购买刷毛柔软结实、不会摇晃、质量比较好的螺旋刷会让你在描画眉毛时事半功倍。

产品推荐

大创－睫毛刷 | 毕加索－402

唇刷

　　唇刷是用来涂抹唇类产品，或是整理唇线时非常有用的一款刷子。唇刷的形态多种多样，而我想要推荐给大家的是比较扁平、接近于直线的唇刷。有一种像铅笔一样刷毛末梢形状比较尖锐的唇刷，虽然能将唇类产品的颜色均匀细腻地涂抹在唇上，但不太符合现在"渐变色"的唇妆流行趋势。

请这样选择

　　－选择不会吸收唇类产品的人造毛刷子会比较好。

　　－选择毛质坚实有力的唇刷，才能更好地提高唇类产品的集中度和服帖度，让唇妆看起来更整洁清爽。

　　－我现在用的唇刷是那种刷毛尖接近于直线，越到尖部越扁平的刷子。这种形状的唇刷能让唇类产品更细腻地涂抹在双唇上，也能让颜色表现得更为鲜明靓丽，而且使用唇刷侧面还能非常方便地画出唇线。比起笔状的唇刷，它更能一次性地画好唇线，不会让唇线看起来高低不齐，非常适合初学者使用。

产品推荐

魅可－318 | 毕加索－501 | 思亲肤－高端触感遮瑕刷（Premium Touch Concealer Brush）

高手备用化妆刷

大面积专用遮瑕刷

　　大面积专用遮瑕刷也是遮瑕专用刷，但比一般的遮瑕刷毛体更长、更宽。黑痣、雀斑、痘印比较大面积地分布在脸上时用这款刷子会更好。小小的斑点想要一个一个地遮住会比较费时费力，这时就可以用这款刷子蘸取一些遮瑕膏，大块大块地覆盖在零散分布的斑点上。

　　- 为了使霜质或是液态遮瑕产品更完美地贴合在肌肤上，最好选择弹力好、毛质经久耐用的人造毛遮瑕刷。

　　- 刷毛长度会直接影响遮瑕产品的细腻和服帖程度，因此长度在15~20毫米最适合。太长容易在肌肤上留下刷痕，太短则会降低产品的服帖度。

　　- 越是到了毛尖部分，越是要求剪裁细腻、形态灵巧轻捷。

毕加索 - Proof 06

痘痕、痘印专用遮瑕刷

　　用遮瑕产品遮盖像痘痕、痘印一样比较零星的部位时需使用尺寸最小的遮瑕刷。

　　- 为了将遮瑕膏类产品或是液体类产品更完美地涂在肌肤上，需要选择刷毛弹力较好、毛质经久耐用的产品。

　　- 这种刷子是用来对付较小痘痕的工具，也就是局部遮瑕用化妆刷，选择当刷子接触肌肤时，毛尖不散乱、能够很好聚拢的会比较好。

毕加索 - 505

发际线专用遮瑕刷

　　这是整理发际线、塑造面部轮廓线时需要用到的一款刷子。"头皮遮瑕"指的是在有一定头发的头皮上，填充阴影，让零星稀少的头发看起来比较丰富。而发际线遮瑕是在几乎没有头发的额头边际填充一些阴影，使其看起来比较窄小。用发际线遮瑕刷蘸取合适颜色的阴影产品，轻轻扫几下，就会跟高光部分形成对比，从而让额头的轮廓变得更漂亮、更富有立体感。

　　- 只要涂抹时不花妆，刷毛非常柔软就行。

　　- 发际线是面部轮廓中面积比较小的部位，只有在正确的位置上涂上阴影，才不会弄花妆容，因此，选择比刷阴影用的化妆刷尺寸更小一些的刷子会比较好。并且，比起非常圆的形状，选择有一些扁平、刷毛不是太密集的遮瑕刷会更好一些。

毕加索 - 726 | 魔法森林 - 高光刷

烟熏妆专用眼影渐变刷

这款刷子是将眼线"烟熏"时使用的刷子。它跟在"必备基础化妆刷"里介绍过的眼线渐变刷有所不同。它的用途是将眼线最边缘描画得更纤细整洁，如果想再增加点晕染的效果可以将刷子展开得粗一些，这样就能够塑造出幽深的眼神。

请这样选择

－一般市面上的多是天然毛产品。

－若刷毛的长度太长，容易让颜色较深的眼影粉出现浮粉的现象。所以最好选择长度在 10 毫米以下的刷子。

产品推荐

毕加索－709 | LOHBS－重点刷

重点化妆刷

它比一般重点眼影刷的刷毛尺寸更小一些，为了让眼神看起来更加深邃，在眼尾的重点部分涂抹眼影时会用到这款刷子。想要将含有高光的珠光粉细细地涂在较小的部位，打造闪耀动人的妆容时，这款刷子就会大显身手，帮你轻松搞定。想要让眼尾晕染一些，也可以试一下这款刷子。它比"必备基础化妆刷"里介绍的刷子要再小一个号。

请这样选择

－毛质不分天然毛和人造毛，两种都可以，只要是不刺激眼睛就可以。

－比起扁平的毛尖，剪裁成圆形的重点化妆刷能够最大化地降低晕妆现象。

－选择刷毛长度在 10 毫米以内、宽度不超过 8 毫米的，这样的刷子在涂抹较小的部位时才会更方便。若刷毛太长，或是刷毛的数量不足，刷子就会绵软无力，也很容易浮粉，不容易演绎出眼影的色彩，这一点需要注意。

产品推荐

毕加索－711 | 思亲肤－高级触感重点阴影刷

鼻影刷

用鼻影刷蘸取鼻影产品后，从眼角开始，渐渐涂向鼻梁，使其自然融合，这样就可以塑造出更加富有立体感的鼻梁。对于眉宇宽而扁平的人而言，这款刷子是必备化妆刷。

请这样选择

－柔软的天然毛使用起来最为适合，不过形状比较好的人造毛产品也是不错的选择。

－选择化妆刷的刷毛裁剪成圆形的射线形刷子。亚洲人的鼻子多是"蒜头鼻"，所以要以"U"字形在鼻尖上塑造阴影，让鼻子看起来更加坚挺小巧。射线状化妆刷的裁剪面更有利于贴合鼻子表面，便于描画出鼻子的轮廓线。

产品推荐

毕加索－201A

头皮专用遮瑕刷

额头比较宽大，没有头发时虽然也可以用阴影搞定，但如果是那种头发数量稀少的情况，用头皮遮瑕的方式效果会更好一些。用头皮遮瑕刷蘸取接近自己发色的暗色眼影或是眉粉，用来遮盖头皮，为了防止颜色较暗的阴影粉出现"飞粉"现象，涂抹时要让阴影粉像贴在发根之间一样，这样可以让发际线变得更整洁光滑，而且还能让面部轮廓看起来更娇小，更美丽动人。

请这样选择

－仅次于螺旋刷的坚硬有力的刷子就是头皮专用遮瑕刷。

－刷毛只有比较细密、坚实有力才能防止浮粉现象，让粉更加服帖。

产品推荐

毕加索－725

其他基础工具

　　除了化妆刷之外，我还为大家收集了一些其他基础工具，在收集这些工具时，才发现好像没有尽头似的多到数不胜数。不过我向大家推荐的是一些我认为作为基础工具会比较好用的类型，大家可以根据自己的喜好，选择适合自己的工具。

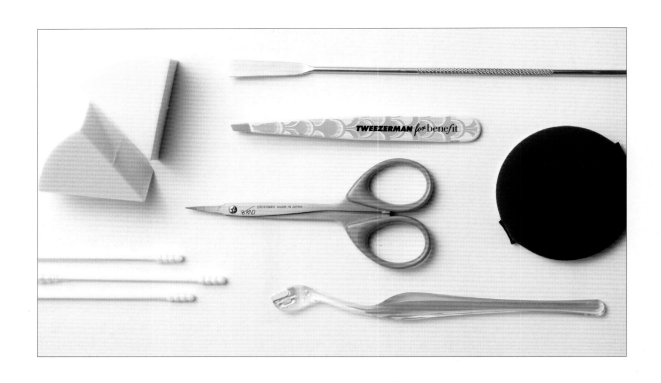

气垫

　　气垫可以说是底妆里革命性的产品。对于喜欢轻薄细腻底妆的女性来说，这也是一款真正"投其所好"的产品。虽然气垫的"技能"略显不足，但靠它的材质，涂抹时能够让底妆产品（隔离霜、妆前乳、粉底）更均匀细腻，并提高遮瑕力。用化妆棉涂抹时，虽然可以提高产品的遮瑕力，但化妆棉容易吸收底妆产品和肌肤的水分，而让底妆变得无光，使肌肤成为"亚光肌"。而气垫的特有材质和能够与肌肤"水乳交融"的卓越性，基本能够解决底妆产品容易浮妆的现象。

请这样选择

　　– 气垫是跟气垫粉底（气垫BB）一起诞生的产品，除了用于气垫产品之外，与其他底妆产品一起使用也能够提高产品的遮瑕力和服帖度。市场上出售的气垫产品色号大部分是21号和23号，具有一定的局限性，因此大家可以根据自己的肤色选择适合自己的液体型粉底，装在小的容器里，随身携带，与气垫一起补妆用，不失为一种不错的选择。

产品推荐

谜尚 – 气垫

迷你气垫

　　这是涂抹霜状（膏状）腮红时非常便捷的一款迷你气垫，虽然尺寸小，但使用时很方便。另需注意的一点是，使用霜状腮红的重点在于浓度的调节或是渐变，因此更适合使用正常尺寸的气垫，在气垫中心蘸取产品后，利用整个气垫进行渐变涂抹会更简单。

产品推荐

AIRTAUM（韩国彩妆品牌）– 气垫、腮红专用

粉扑

　　粉扑是涂抹干粉时使用的一款产品。最近大部分人都知道无光妆容容易带给肌肤不好的影响，所以几乎都已经不使用干粉，即使用也只是在比较油光的地方用刷子轻轻蘸干粉扫几下，而之所以将它放在基本工具里是因为它还有别的用途。

请这样使用

　　– 面部出现油光的原因是皮脂分泌过旺，或是大量流汗。当出现这种状况时我们一般会用吸油纸或是纸巾等擦拭。在擦拭因汗液引起的面部油光时，如果力度调节得不当，就会弄花费心费力化好的妆容。大家可以试下我的方法：粉扑上包裹一层餐巾纸，然后将粉扑对折，轻轻拍打流汗的地方。这样既能有效吸收汗液还能不弄花妆容，一举两得。不仅在擦拭汗水的时候，汗水和油分一起存在的时候也是一样，如果直接用纸巾擦，纸屑容易留在肌肤上，而将纸巾和粉扑一起使用，先整理一下肌肤后再补妆，可以为你塑造光滑美丽的肌肤。

产品推荐

LOHBS – 化妆用粉扑

吸水海绵

这款海绵吸水后，使用起来非常滋润。海绵里吸入水分，用来涂抹底妆产品时能够让产品更细腻服帖。因为它能给肌肤带去水分，所以非常适合干性肌肤或是肌肤深层缺水的人使用，并且能够给需要遮瑕的角质、痘痘、肌肤纹路等复合性的肌肤层层补水。一般需要遮瑕的地方我们会用比较光滑的遮瑕膏加以遮掩，但是为使妆容更服帖，就需要在层层补水的同时对肌肤进行遮瑕。

请这样选择

－选择在打湿的状态下，还能保持弹力、不稀软的海绵。

－选择有别于三角海绵的裁剪光滑的产品。

－一定不要选择易碎的海绵。

－选择可以单独使用，便于携带，带有外包装的海绵。

产品推荐

珂莱欧－吸水海绵

❶

让海绵深层充分吸取水分之后，用力攥除水分到不往下滴的状态，让海绵充分变"滋润"。虽然也可以在海绵上喷补水喷雾，但与使用喷雾相比，让海绵充分吸收水分后再攥除水分达到水和化妆品不相溶的状态，效果会更好。

❷

用化妆刷蘸取底妆产品涂抹在脸上之后，再利用吸水海绵在需要的部位轻轻拍打，提高产品的服帖度。也可以直接用海绵蘸取产品后涂在脸上。

❸

若拍打力度太强，或是来回扫动式地涂抹，容易降低产品的遮瑕力。因为海绵处于比较滋润、细腻的状态，所以不能用力拍打，垂直地轻轻贴在肌肤上涂抹即可。

菱角海绵

以前涂抹粉底时主要用海绵涂抹，但用海绵涂抹时会让妆容显得黯淡无光，或是涂抹得过厚，跟最近的流行趋势有点"格格不入"。那么将海绵当作基本工具推荐给大家的理由是什么呢？海绵不只能有效地涂抹底妆产品，还能扫掉脸上多余的产品，非常有用。选择被裁剪成光滑面和粗糙面的海绵，粗糙面将是我们可以活用的部分。

请这样选择

－选择光滑面和粗糙面都有的产品。材质比较硬的海绵，裁剪后的剪裁面大多数比较光滑。接触肌肤的海绵面如果太光滑，不仅会除掉多余的产品，还会擦掉本应留在脸上的底妆产品。

－易碎的海绵容易产生碎末，所以要避开这样的产品。

－太过于绵软无力的海绵，它的粗糙面无法发挥应有的功能，容易降低效果。

请这样使用

－在为不知道该涂抹多少妆前乳伤脑筋时，可以先充分地将妆前乳涂在整个面部或是需要遮瑕的部位，再用菱角海绵轻地扫一下涂抹过妆前乳的部位。

－想要更轻松地将容易晕妆的粉色底妆、液态珠光底妆产品均匀地涂抹在脸上时，先蘸取适量产品涂抹在面部，再用菱角海绵的粗糙面沿着肌肤纹路轻轻扫几下。

－晕妆时，可以先在晕妆部位轻轻点一些乳液，再由内而外沿着肌肤纹路轻轻扫几下，晕妆的部分就会变得非常光滑。接着用遮瑕产品修补一下妆容，妆容瞬间就会像早上刚化完时一样，光彩照人。

－用大拇指和中指轻轻地捏住菱角海绵，用海绵的各个粗糙面轻轻扫一下需要去掉的多余产品。这时需要注意的是手腕一点都不能用力，轻轻地捏住菱角海绵，不能让海绵变形，微触肌肤，轻轻扫动。这样就可以用海绵的粗糙面轻松而自然地扫走浮粉，只留下需要附着在脸上的妆，让肌肤细腻光滑。

产品推荐

自然主义－五角海绵

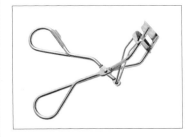

睫毛夹

睫毛夹是用来卷翘睫毛的工具。市场上出售的睫毛夹的样子多少会有些差异，而且每个人的眼睛也各不相同，虽然多使用不同的产品也能够找到适合自己的产品，但是现实往往不尽如人意。最好的方法就是学会睫毛夹的使用方法，这样才能保证不管用什么样的睫毛夹都能够让睫毛变得卷翘动人。

请这样选择

－对于形状太过于独特的睫毛夹，如果眼睛弧度不符合睫毛夹的形状，使用起来反而会非常困难，所以一般形状的睫毛夹才是上上之选。

－比起睫毛夹的形状，更要考虑睫毛夹上的"胶条"。胶条材质从硅胶材质到别的材质，多种多样，过于坚硬的胶条不容易让睫毛卷翘，不容易夹住睫毛根部，还容易拔掉睫毛，所以在挑选产品时需要注意这点。

产品推荐

资生堂－睫毛夹 | 蔻吉－73号睫毛夹

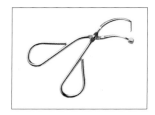

局部睫毛夹（分段式睫毛夹）

　　局部睫毛夹比一般的睫毛夹要窄一些。如果精通睫毛夹使用的方法，不需要局部睫毛夹也可以充分地塑造出卷翘动人的美丽睫毛。但是如果眼睛太长或是因为其他理由不能很好地夹住睫毛的前后部分，睫毛就会下垂挡住眼白，让眼睛看起来比较沉闷。如果用一般的睫毛夹不能让眼睛前后两头的睫毛卷翘起来，就要用局部睫毛夹。

请这样选择

　　-过去市面上出售的局部睫毛夹的两头都是堵起来的，而最近上市的产品有很多是完全分开的。如果选择这样的睫毛夹，左右睫毛就不会被睫毛夹的末端夹折皱，而且很容易塑造出上翘动人的睫毛。照片中左边是堵起来的情况，右边是张开的情况。

蔻吉-100号局部睫毛夹

睫毛用木棒

　　睫毛卷翘的最理想状态应像是"躺着的C"，俗称"C形"卷翘睫毛。虽然也可以用睫毛夹夹出卷翘的睫毛，但技术达不到时，睫毛就容易被折弯，卷翘得不规则、不圆滑。市面上虽然也有电动卷棒，但价格相对较贵，而且更适合睫毛比较长的人，所以我给大家推荐的是用超市或是饭店里经常用到的什锦烧烤串上的竹签（类似于我们的牙签）自己动手做一下。比起白桦树木棒，竹质的木棒会更好一些。（用什锦烧烤串上的木棒制作睫毛用木棒的方法请参考本书第127页。）

木棒的优越性

　　-因为木棒材质的特有性质，接触肌肤时不容易过烫，所以可以将其放到睫毛根部，深度卷翘睫毛，而且烫伤人的危险性比较小。

　　-很容易购买到，价格上无负担。
　　-比较纤细，能非常有效地卷翘睫毛。

大创-竹签

镊子

　　镊子多用于拔掉眉毛，对睫毛进行整理或是粘贴假睫毛。

请这样选择

　　-镊子在使用时会给握住镊子的手和手腕一定的反弹力，因此最好选择比较轻便的产品，这样不需要用力就能轻轻捏住，也不会带给手太大负担。

　　-镊子的使用寿命也在于你的选择。选择两个刀刃面容易贴合在一起，用手捏住时弹性比较适中的会更好一些。

　　-镊子的形状非常多，不要选择刀刃太小的镊子，选5毫米左右的最适合。

迪茜曼-镊子 | 大创-镊子

眉毛剪

　　眉毛剪是用来剪掉在整理眉毛过程中，涌向外边的眉毛的。

毕加索-眉毛剪

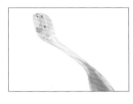

修眉刀

　　相比用修眉刀割眉毛，先用镊子夹住眉毛，再根据眉毛长出来的方向横向拔出会更好一些。人们经常说用刀子割眉毛之后长出的眉毛会变得更粗，这是没有科学依据的。用刀子割掉眉毛后，眉毛的断面会长得比较粗糙，所以在生长的过程中，用肉眼看时会觉得眉毛变粗了。小的汗毛一根根剪会非常麻烦，所以用修眉刀整理也是不错的方法。

请这样选择

　　- 安装修眉刀的硬件部分比较短小的会好一些，长度在 15 毫米左右最为适合。
　　- 建议选择将修眉刀放在眼窝上时，比眼窝略窄的产品。

抹刀

　　阴影粉、高光粉、眼影等产品使用久了，不慎混入含油分的化妆品而有些凝固时，可以用抹刀来挖取。比起在化妆品店里买的产品，在卖科学实验用品的地方买到的抹刀会更好用一些。

请这样选择

　　- 抹刀的长度和宽度非常重要。选择长度在 3 厘米左右，宽度不超过 1 厘米的最适合。若抹刀太宽，在混合产品时容易造成严重的产品浪费。

化妆工具的清洗方法

　　化妆工具是直接接触肌肤的东西，如果管理不善，不够清洁，就会给肌肤带来不良影响，因此妥善管理化妆工具比什么都重要。虽然会有些麻烦，但一定要定期对化妆工具进行清洗，下面就分门别类地为大家介绍化妆工具的清洗方法。

气垫粉扑的清洗方法

❶

在气垫上滴 1~2 滴卸妆油，如果长时间没有清洗过，就需要等 5 分钟，让卸妆油充分渗入气垫。需要注意的是不是所有的化妆工具都可以用卸妆油来清洗。

❷

就像揉馒头一样，用手指轻轻按压气垫，这样渗入气垫里面的底妆产品就会被溶解变黄。需要注意这时如果像洗衣服一样胡乱搓洗会弄坏气垫。

❸

以相同的方法冲洗气垫，要在流动的水中反复清洗几次。

❹

如图所示，将洗面奶均匀地涂抹在气垫上。

❺

用跟步骤 2 中相同的方法轻轻按压气垫，这时会出来丰富的泡沫。

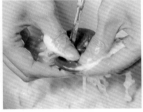

❻

再次用流动的水清洗气垫。

❼

清洗完的气垫不能用手攥水，而是要像照片中演示的一样用力按压，这样才不容易被损坏。

❽

将气垫放在干毛巾或是餐巾纸上面。

❾

如图所示，将餐巾纸（干毛巾）一角折叠，盖住气垫，轻轻按压，吸除水分。

❿

用相同的方法，用餐巾纸（干毛巾）反复按压吸取水分，直到气垫干了就可以使用了。

各种海绵的清洗方法

❶

首先让海绵"喝饱水"。

❷

将洗面奶倒在湿透的海绵上。除了气垫之外，其余的海绵产品都可以用洗面奶或是能够去掉油分的清洁产品清洗。

❸

用手指将倒在海绵上的洗面奶均匀涂抹开，要让海绵内部也充分吸收泡沫。

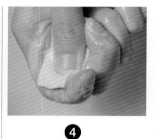

❹

不要用手去拧，也不要挤，而是像图片中所表示的一样，用力按压。这样海绵中的底妆产品就会跟泡沫一起变成黄色物质溶出。

❺

在流动的水中清洗，直到不再有底妆产品溶液流出来为止，反复清洗 1~4 次。

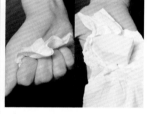

❻

如果不再有污物流出，如图以最大力度挤干水分后，用餐巾纸包裹住海绵，将水分吸干。

睫毛夹的清洗方法

　　睫毛夹用完后，胶条和夹住睫毛的铁片部分容易留下化妆品。不要因为怕麻烦，就用完了放着不管，而应在使用后及时用湿巾将沾有化妆品的部分擦干净，这样下次使用时才会非常清爽。不要用干的纸巾擦拭，纸巾的纸屑容易沾在睫毛夹上，使用时这些纸屑会被"带到"睫毛上，这可不是一件好事情。

污染比较严重的情况

❶

　　将洗面奶均匀地倒在牙刷上。

❷

　　用牙刷仔细地将睫毛夹上睫毛会接触到的每个地方刷干净。

❸

　　取下胶条，反复用牙刷刷几遍之后，放在流动的水下和睫毛夹一起清洗干净。

化妆刷的清洗方法

选择适合清洗化妆刷的清洗剂

经常清洗化妆刷，能让化妆刷保持干净卫生，但清洗得过于频繁，反而会减少化妆刷的使用寿命。所以，重要的一点是清洗时要尽可能地减少对刷毛的伤害。市场上有很多化妆刷专用清洗剂，但因为价格偏贵，而且也都没有为化妆刷"量身定制"的特别功能，所以中性洗衣液（羊毛羊绒洗衣液）会更加物美价廉，使用起来也很方便。有人也会在清洗完时用修护润发精华素，但市场上出售的大部分修护润发精华素里，都含有硅的成分，使用时反而减短刷毛的寿命，所以不建议使用。

最合适的化妆刷清洗周期

– 粉底刷、遮瑕刷、霜（膏）类腮红产品化妆刷、唇部产品化妆刷

蘸取含有油分及较湿类型产品的化妆刷，哪怕只用了一次，也要从最先使用的日子开始计算，每 10 天清洗一次。特别是粉底刷，粉底容易进入刷子里，凝固在上面，超过 10 天不仅不容易清洗，为了清洗掉凝固在上面的产品，还会过度用力，容易损伤刷毛。再加上粉底产品里含有油分和其他化学成分，长时间放置不管，就会成为刷毛脱落的原因。因此即使是麻烦也一定要 10 天清洗一次这类化妆刷。

– 眼线刷

眼线刷在使用后如果不是每次都洗，再次用它蘸取眼线产品时，刷毛会变得比较柔软，虽然也能很好地描画出美丽的眼线，但如果一直这样使用，就会减短人造刷毛的使用寿命，而且会越来越难描画出精致的眼线，因此眼线刷最好每天清洗。

– 眼影刷、蘸取粉质或是固体型产品时用到的刷子、阴影刷

蘸取粉质产品时使用的刷子，一个月清洗一次就可以。不过如果脸上油分比较多，即使用了不到一个月，产品的粉粒也会凝结在化妆刷上，而让刷毛结块，就像年糕一样，这时也要赶紧清洗，才不会减短化妆刷的使用寿命。

❶

将中性干洗液或是洗面奶倒在手掌心，揉搓出丰富的泡沫。

❷

将化妆刷放在泡沫中来回洗刷。

❸

反复在泡沫中洗刷就会像图中所示一样，泡沫中混合有黄色污染物。

绝密小窍门

连接化妆刷的刷柄和刷毛中间的铁质部分，大部分是用水溶性黏合剂粘在一起的。因此在清洗化妆刷时一定要握住铁质部位，防止水进入。特别要注意的是不能把化妆刷放在桶里泡着。

❹

洗过的化妆刷放在流动的水中反复清洗几次。将化妆刷的刷毛剪裁面在掌心铺开，用力按压，让刷毛分散开，这样水就会进入刷毛间隙，有效地清除残留在化妆刷上的化妆品。

绝密小窍门

如果刷毛里的污物太多，可以将刷毛在掌心铺开，用力按压，蘸取一些清洗剂再清洗。

❺

如图所示，用手握住刷毛部分，从粘贴刷毛的部分开始向毛尖用力挤干水分，再放在凉爽的地方晾干即可。

❻

大部分化妆刷清洗 1~5 次即可洗得非常干净，但像眼线刷一样的化妆刷，其清洗方法就略有不同：首先将唇妆／眼妆卸妆液倒在化妆棉上。

❼

将化妆刷的整个面放在沾满卸妆液的化妆棉上，顺着刷子的纹理方向按压式扫动。这样清洗不会损伤刷毛。

❽

接下来把化妆棉对折，用干净的一面重复步骤 7 的动作。这样反复清洗，直到除掉污物。

❾

用干净的湿巾仔仔细细地擦拭之后，可以马上使用。一般的化妆刷清洗时可以只用步骤 1~5。

第二章
基础肌肤护理

化妆工具

EYE（眼部）
衰败城市－一代裸妆眼影盘（香槟色闪金、哑致裸色、闪烁古铜色、亮棕色）

EYE LINE（眼线）
植村秀－手绘眼线笔 黑色

BROW&CURL（眉毛和睫毛）
植村秀－自动砍刀眉笔 深褐色
珂莱欧－自然眉粉眉膏组合
魅可－持久纤长睫毛膏

FACE（面部）
玫珂菲－紧致粉底液 10号、11号
魅可－矿物高光修容粉饼 褐色
Rmk（日本化妆品牌）－经典修容 N 系列（腮红） 08 号婴儿粉红

LIP（唇部）
VDL（韩国化妆品牌）－方形口红 603号

基础护肤

肌肤护理的目的是保持肌肤的最理想状态，让受伤的肌肤恢复到原来的状态，这也是塑造容易上妆肌肤的根本。我们不要对干性、中性、油性这种墨守成规的分类太过于纠结，重点是用肉眼或是感觉来感受自己的肌肤状态，主要是指化妆结束后肌肤出现的问题、用手背触摸时自己对肌肤的感受。即使我们不是每天都了解自己的肌肤状态，也至少要在换季时掌握它，这样就能够及时地管理并调节自己的肌肤状态。

从今天开始就让我们忘记那些复杂的肌肤护理程序吧！只要记住三点就可以了。

第一，不要费心费力地将自己的肌肤状态分类之后购买各种产品。

第二，什么都要有个度，过了就是"毒"。

第三，检查一下自己的肌肤，将重点放在保湿上。

做好准备，跟我一起开始了解自己的肌肤及适合的步骤，接下来让我们转到实战篇吧。

第一步　洁面

工具清单

A. 唇妆 / 眼妆卸妆液
MAKE REMAKE（韩国化妆品牌）– 温和眼唇卸妆
B. 化妆棉
MAKE REMAKE –纯棉肌肤化妆棉
C. 棉棒
大创 – 婴儿螺旋状棉棒
D. 嘴唇保护剂
联合利华 – 凡士林特效润肤露
E. 洗面奶
MAKE REMAKE –修护洗面奶

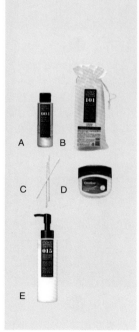

A　B

C　D

E

❶

在化妆棉 B 上倒满唇妆 / 眼妆卸妆液 A。

❷

将沾满卸妆液的化妆棉放在双唇上等待 15~20 秒。

❸

抽空手的力量，就像抚摸婴儿的肌肤一样，小心翼翼地擦掉涂抹在双唇上的卸妆液。因为唇妆 / 眼妆卸妆液的成分是非常强效的洗洁剂，所以再增加物理性的刺激，会对肌肤造成伤害。

❹

擦完一次后，将使用过的化妆棉对折，再擦几次。

❺

最后将化妆棉再次对折，擦拭掉双唇唇纹间的化妆品。注意擦洗双唇时不能用力，这点很重要。

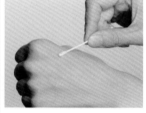

❻

如果双唇上还有残留物，可以用棉棒蘸取一些保护剂 D 或是凡士林涂抹在双唇上轻轻擦几次。这样可以毫无刺激地清除掉双唇上的残留物。

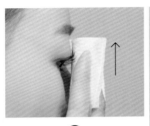

❼

将 A 倒在 B 上后，把 B 敷在眼窝上。如图所示，从眼睛下方自下而上轻轻推动似地按在眼窝上，并要让睫毛的根部接触到 B 才行，这样连睫毛根部的睫毛膏都能去除得干干净净。

❽

保持这个状态 15~20 秒钟后，再将化妆棉 B 自下而上轻轻往上抹，这样就能卸掉大部分睫毛膏和眼影了。

❾

将化妆棉 B 从眼睛内侧向眼尾方向移动，擦掉留在整个眼窝上的眼影。

❿

再次对折化妆棉 B，用比较尖锐的菱角面小心翼翼地擦一下眼线上的眼影和所有眼线残留物。

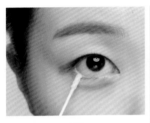

⓫

用棉棒 C 蘸取一些卸妆水 A 擦干净眼睛上的彩妆残留物，等干了之后再反复擦几次。

⓬

倒取适量洗面奶在掌心，大约是 5 毛硬币大小就可以。因为一般大家都会用防晒霜，所以就算是素颜也需要用洁面产品进行清洁。

⓭

将洗面奶 E 涂抹在还未打湿的脸上，因为洗完整张脸不能超过一分钟，所以要掌握好时间。

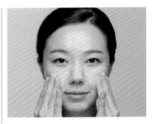

⓮

抽空手腕和手掌的力量，就像是给婴儿洗脸一样从两颊开始，沿着肌肤纹理轻轻地揉搓洁面产品 E，这样能减少对肌肤的刺激。

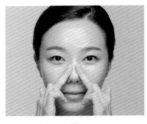

⓯

鼻子周围可能会有一些底妆产品留在上面，因为面积比较小所以用指头肚轻轻揉搓，或用有指纹的地方仔仔细细地打圈式滚动一下。

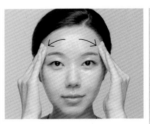

⓰

参照图中箭头指示的方向，以打圈滚动的方式轻揉额头。

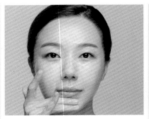

⓱

下巴和人中也参照步骤 15 的方法清洗，仔仔细细在一分钟以内清洗完毕。太过用力肌肤会容易产生皱纹，所以手跟肌肤之间就像隔了层水似的，轻轻地多拍几次更好一些。

⓲

不要用毛巾粗鲁地擦脸，而应像要沾住掉下来的水珠一样轻轻按压，剩下的水分可以直接用手轻轻拍打，让肌肤"喝水"。

第二步 基础保湿护理

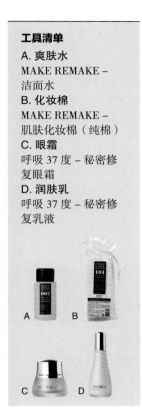

A   B

C   D

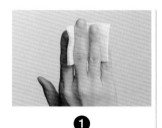

❶ 如图所示，用两指夹住化妆棉 B。

❷ 用化妆棉 B 蘸取一些爽肤水 A 再擦一遍脸，起到第二次洁面的效果。注意化妆棉上要充分地倒上爽肤水 A，由内向外擦脸。如果单纯用来擦脸可以不用那些比较昂贵的高性能化妆水。

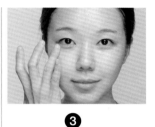

❸ 接下来就需要涂眼霜 C 了。眼睛部位的肌肤比面部其他肌肤都要薄，因此要涂抹比较安全的高保湿产品。

❹ 用爽肤水 A 护理完肌肤后，涂抹质地轻柔、效果持久的特效润肤乳 D。如果你平时都要涂抹精华素、乳液等多种产品，突然只涂抹一种产品可能会觉得没有安全感。不过不用担心，保湿力和持久性比较好的产品，只涂抹一种反而会令皮脂分泌更加稳定。

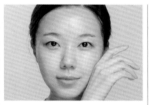

❺ 早上醒来后，用手背检查一下自己的肌肤状态。如果手背放在脸上感觉略微有些黏黏的感觉，就说明只用这一种润肤啫喱保湿就非常充分；如果感觉有些呲呲的声音，就需要再增加一种产品；如果感觉有些油油的，就应该选择质地更加清爽的产品。

❻ 如果皮脂分泌不是非常严重，可以不用洁面产品，只用清水拍几次脸就可以了。

❼ 将爽肤水 A 倒满化妆棉 B，再一次整理肌肤。"就这样洗脸能行吗？"你可能会有这样的担忧。放心，只用水洗脸再加上用爽肤水擦脸就可以充分调整脸上的油分。再一次用上面步骤 5 里所提到的方法确认一下自己的肌肤状态后，涂抹润肤乳。现在我们可以转到第三步，详细了解肌肤的基础护理。

第三步 各种肌肤状态的基础护理

手背放在肌肤上拿下来时，感觉略微黏手

那就要恭喜你，你很幸运，这种情况的肌肤，可以涂抹前一晚上用过的润肤啫喱，再加上防晒霜后基础护肤阶段就完成了。

感觉肌肤像纸张一样干而脆

这种类型的肌肤，只用润肤啫喱无法充分为肌肤补水，达到保湿效果，所以需要换成略微浓稠一些的产品，或是在涂完润肤啫喱后，再增加一款产品。不要单纯地认为追加一个精华就够了，这样对肌肤其实没有太大帮助。不如直接用现有的乳液类型的护肤啫喱，充分地拍打直至肌肤吸收，然后在感觉特别干燥的部位再涂一次，让肌肤充分吸收，效果会更好一些。滥用产品，反而会增加肌肤的油分，降低毛孔弹力，让干性肌肤也冒出小痘痘来。如果增加了一种产品后，无法改善脆弱的肌肤，可以再增加一个产品，用循序渐进的方式，让肌肤变成中性。晚上的肌肤护理也可以用相同的方法。需要化妆时，在涂完防晒霜后按照正常顺序化妆就可以了。

> **建议**
>
> － 认为化完妆后肌肤容易吃妆、脱妆就是油性肌肤，这是一种误区。油性肌肤的状态是化完妆后，随着油脂分泌，妆容会被稀释。反而是干性肌肤在化妆后会吸收所使用化妆品的水分，让肌肤表面只剩下"粉"，剩下的妆容则容易"随风而逝"。想让肌肤妆容长久不变，保湿是重中之重。如果感觉只是对肌肤进行基础保湿力度不够，那就要对肌肤进行追加保湿。

感觉有油分

如果是这种类型的肌肤，可以根据第 27 页的步骤 1~3 进行基础护肤。如果习惯性地增加润肤啫喱，不需要的油分就会和水分一起滞留在肌肤上，因此要果断地去掉润肤啫喱，只涂抹防晒霜。防晒霜和接下来的底妆产品里都含有保湿成分，可以起到保湿作用。油性肌肤不仅是油分多，肌肤水分也不充足，因此在化妆的每个间隙里喷洒一些无油喷雾是非常有用的。油性肌肤早上虽然可以省掉润肤啫喱，但晚上一定要涂抹。肌肤水分不足，反而需要分泌出更多的油分来补充不足的水分，因此晚上护肤顺序还是按照原来的去做，只在早上的护肤程序里减少一些产品，这样还可提高妆容的持久性。

> **建议**
>
> － 我们晚上用的洁面产品中，有一些建议用棉纱擦脸，有一些有"双重洁面"作用。这些产品若只用清水冲洗很容易在脸上留下残留物，而且产品中的强效成分有可能刺激肌肤。对待我们的肌肤要像抚摸小孩一样，最大化地减少外界对肌肤的刺激，因此我建议对以上产品最好避而远之。
>
> － 市场上出售的标榜着"补水"的一些所谓的补水霜，可能不是我们这里所说的润肤啫喱。一般通用的补水产品是凝胶啫喱型的透明状，它能瞬间补水，带给肌肤清凉感，涂抹后肌肤虽然能够感觉非常湿润，但是因为它还含有干化油分的成分，所以适合油性肌肤使用。去卖场购买润肤啫喱产品的要领是：用营养霜或是乳液代替补水霜；购买深层保湿产品时，如果不知道选什么好，那就干脆直接购买营养霜，只涂抹在肌肤比较干燥的部位。不要觉得所有的产品都可以涂满整个面部，要按照各个部位的需求，使用不同的产品，特别注意的是要针对那些感觉非常紧绷的部位集中补水。

各种肌肤类型的特殊护理

角质和皮脂

化完妆后容易引起浮妆现象的罪魁祸首就是角质。为了从根本上去除角质，就需要保持"吃好、睡好、身体好"的理想状态。方法虽好，但对于繁忙的现代人而言这反而是一种"奢望"，实践起来非常困难，接下来我就告诉大家几个可以对肌肤起到一定保护作用的小妙招。

类型 1　面部比较窄小的部位（鼻孔两侧、眉宇间、两颊）像皮一样脱落的角质

这种情况属于已死的角质没有从肌肤上脱落下来，用镊子轻轻地把它撕下来就可以了。如果在涂抹完粉底后，角质凸显了出来，可以用棉棒沾一些面部精油，以打圈画圆的方式涂抹在浮起角质的地方，让角质自然融化脱落之后再涂抹粉底。洁面时，用卸妆洁面湿巾去除这种类型的角质也是一种不错的方法。因为这种角质只是出现在局部范围，所以大面积使用含有小颗粒的去角质磨砂膏或是微晶去角质反而会让肌肤变敏感，因此最好不要用。

产品推荐

卸妆洁面湿巾 MAKE REMAKE – *卸妆洁面湿巾* | **面部精油** DAVI – *面部精油*

类型 2　用手触摸面部时感觉有粗糙的角质

如果是这种情况，那就不是角质，是老皮的可能性更大。如果粗糙程度并不严重，可以用含有非常微小的磨砂颗粒的磨砂产品去除。而那种非常少见像沙子一样的粗糙肌肤，可以用微晶去角质产品一次性去除肌肤角质。因为不想刺激肌肤，而反复地用那些温和的去角质产品，反而会增加肌肤的疲劳度。

产品推荐

去角质产品 MAKE REMAKE – *去角质磨砂*

类型 3　白头

鼻子周边的白头一般可以用肉眼看出来，而两颊周围的白头则容易被误认为是角质。

化妆时如果能看见白头可以用干净的镊子将其拔掉，之后再涂一层底妆产品遮住就可以。平常洗脸时可以用卸妆油或是磨砂类的去角质产品，一周做一两次深层洁面就可以了。鼻子上跟白头比较相似的黑头，同样可以使用卸妆油清洁。这种类型的肌肤可以一周 1~2 次，只在鼻子上用卸妆油，并用海绵擦洗，保持肌肤清洁。我们无法阻止打开了的毛孔分泌皮脂，不要求非达到完美的地步，而是将肌肤护理到光滑平坦的程度，维持容易上妆的状态。

产品推荐

卸妆油 MAKE REMAKE – *卸妆油* | **去角质产品** MAKE REMAKE – *去角质霜*

毛孔

油性肌肤的重点要放在毛孔的管理上，如果是那种一年四季都冒油的油性肌肤，那么一周就需要好好地护理肌肤两三次。虽然不可能一次就让扩张的毛孔缩小，但可以通过管理，保持肌肤干净的状态，使其无法再扩张下去。我们不需要对整个面部这样做，只要在 T 区和前面颊等需要的部位涂抹修复毛孔的产品，轻轻按摩至溶化后用清水洗净，再进行基础护肤就可以了。护理好感觉有些松弛的地方，不让肌肤失去弹力，还可以阻止因为皮脂过度分泌而生出的小痘痘和黑头。

产品推荐

毛孔修复 MAKE REMAKE – T 区洁面泡沫刷

红晕

不是痘痘型肌肤，但脸上却有红晕，或是某天突然形成了红晕，这种情况跟错误的洁面习惯有很大的关系。洁面产品不适合自己或是洗脸的习惯不正确，在洗脸时都可能会带给肌肤化学性和物理性的刺激，长此以往就会形成红晕。因此只要中断这些刺激，肌肤就可以自我恢复。选用合适的洁面产品和养成正确的个人洗脸习惯，在 3~6 个月就可以改善肌肤红晕症状。不过如果是先天性的红晕肌肤那就要另当别论了，这种情况需要到皮肤科接受相对应的治疗。

保湿

平常我们最容易做到的保湿护理就是敷面膜，有一天一个面膜才会见效果的人，也有因为敷面膜而容易起痘痘的人，这都是因为肌肤状态不同而产生的不同状况。俗话说什么都要有个度。干燥的肌肤一天一个面膜能"安抚"浮起的角质，减少红晕，而太过度也可能会成为"毒"。敷完面膜后，再简单地涂抹一些质地轻柔的保湿产品就可以了，但大部分的人会在敷完面膜的脸上涂上一层厚厚的霜，这样就容易导致油分过多，诱发小痘痘的生成。

为了让面膜成分更好地渗入肌肤，而在敷面膜前先去除面部角质是绝对禁止的事情。因为面罩面膜或是敷在脸上的面膜都含有化学成分，容易让肌肤变敏感。如果想要在敷面膜前做点什么，那建议你在洗完脸后，涂一些按摩霜。涂上按摩霜，轻轻揉搓能够促进血液循环，也可以去除大部分角质，然后再敷上面膜，这样效果更好。

一般的肌肤，一周敷一到两次面膜就可以了，在换季或是冷风不断的季节里，干性肌肤可以选择 2~3 天做一次面膜，集中护理肌肤，这样效果更好。

产品推荐

DAVI – 睡眠面膜

肌肤护理必备项目

* 各个项目都是护肤阶段基础必备的护肤品类型。
* 各项目里所介绍的产品，可以根据自己的喜好，各挑选一个产品使用。

洗脸用洁面产品

MAKE REMAKE – 云式多效洁面膏
MAKE REMAKE – 卸妆油
呼吸 37 度 – 呼吸奇迹玫瑰洁面膏
呼吸 37 度 – 洁面精华卸妆油
芭比波朗 – 清润舒盈卸妆油
BIOTURM（德国护肤品牌）– 洗面奶

唇妆和眼妆卸妆水

MAKE REMAKE – 温和唇妆和眼妆
　　　　　　　　卸妆液
碧雅德 – 唇妆和眼妆卸妆水

爽肤水

MAKE REMAKE – 洁面水
呼吸 37 度 – 秘密修复爽肤水

润肤乳

DAVI – 时光修复精华
呼吸 37 度 – 秘密修复乳液
魅可 – 矿物质保湿身体乳
欧缇丽 – 葡萄籽亮白精华液

眼霜

呼吸 37 度 – 秘密修复眼霜
DAVI – 眼霜

毛孔管理

MAKE REMAKE – T 区洁面泡沫刷
DERA PACKER – 净化毛孔面膜贴
伊芙兰 – 全能急救面膜
倩碧 – 毛孔细致竹炭面膜

睡眠面膜

DAVI – 睡眠面膜
DAVI – 维诺睡眠面膜
DERA PACKER（韩国护肤品牌）
　　　– 凝胶面膜贴
SOYEDODAM（韩国护肤品牌）
　　　– 凝胶睡眠面膜

第三章
基础化妆

化妆工具

EYE（眼部）

衰败城市 – 一代裸妆眼影盘（古铜金色、闪烁深莫卡咖啡色、闪古铜色、闪浅米白）

EYE LINE（眼线）

植村秀 – 手绘眼线笔 褐色

BROW & CURL（眉毛和睫毛）

植村秀 – 自动砍眉笔 深褐色

珂莱欧 – 美肌艺术遮瑕膏

魅可 – 持久纤长睫毛膏

FACE（面部）

玫珂菲 – 粉底液 235 号

佳丽宝 – 腮红 1 号

魅可 – 矿物高光修容粉饼 褐色

LIP（唇部）

玫珂菲 – 口红艺术家 51 号

隔离霜和妆前乳

过去粉底的颜色比较单调，人们就需要多种颜色的隔离霜来匹配肤色。而现在颜色丰富质量又好的粉底产品不断上市，只要挑选合适的粉底，不一定非要购买隔离霜。随着时代的变化，很多产品都是跟随潮流变化而生的，并不是必需品，只是能够完善妆容的要素在改换。最近具有可以遮住毛孔功能的妆前乳"挤掉"了隔离霜的位置，成为现代女性的一款必备底妆产品。下面介绍的系列产品，大家可以根据自己的肌肤状态决定是否要使用。

寻找鸡蛋型轮廓的方法

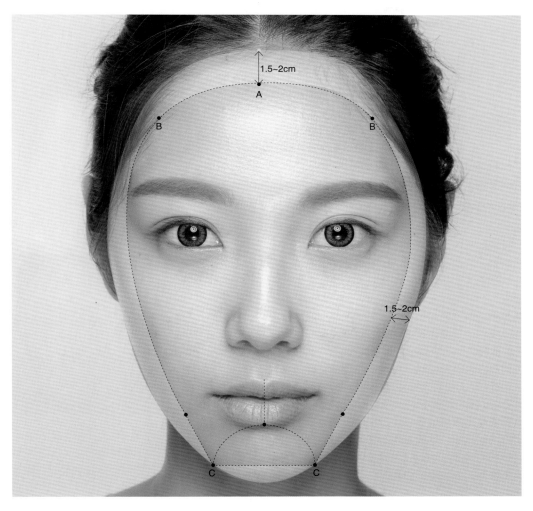

整个面部的底妆产品包括隔离霜、妆前乳、粉底等，这些产品如果全部仔仔细细地涂抹一次，看起来就会像戴了一层面具一样厚重不自然。因此在面部的各个部位用与之相匹配的产品，有要领地涂抹才会有更好的效果。接下来我会在这一章节里告诉大家底妆产品适合涂抹的区域，希望大家能够正确地使用这些产品。

A. 沿着鼻梁垂直往上到额头，到离发际线 1.5~2 厘米是一个支点 A；

B. 从 A 开始向着两侧太阳穴方向往下走，两侧相对，头发突出生长的地方是支点 B；

C. 以双唇下方往颈部里面收进去的部分为中心画一个半圆时与下巴相碰触的点是支点 C。

确认好 A、B、C 三个点后，用眼睛将其连接在一起，就会看到脸上形成了一个"鸡蛋领域"。在这个鸡蛋形状的区域里用底妆产品涂抹，向外的这一个区域可以用涂完鸡蛋区域后剩下的产品少量涂抹，衔接两个区域间感觉有些不自然的部分。这样不但会让面部的立体感更强，还能保证塑造出自然轮廓。

隔离霜

粉色隔离霜

看一下韩国女性的彩妆趋势，就可以知道她们对粉色修饰隔离霜还是情有独钟的。对于拥有黄色肌肤的亚洲人来说，用粉色隔离霜过度地修饰肤色，会适得其反，让肌肤看起来比较造作。可以将粉色隔离霜涂抹在能够让面部轮廓从正面看起来比较有立体感的部位，营造明亮的光感，这样就可以轻松得到你想要的效果。

如果你也属于以下情况，请注意！

肤色不均匀： 可以在偏红的地方用黄色隔离霜遮瑕，在 T 区面部中央用粉色隔离霜。

肤色偏暗： 不适合用粉色的隔离霜，因为它会跟自己肤色相混合，形成灰色，这样反而会让肤色看起来比较暗沉。

肤色黄中透白： 跟粉色隔离霜最相配。在涂抹粉底前，可以用粉色隔离霜在高光部位打底，这样能够让整个面部看起来更有立体感、更加亮白。

肤色偏白： 再往脸上涂一层粉色隔离霜，会让肤色看起来更苍白，不过这也可以演绎出一种神秘的氛围，大家可以根据自己的喜好选择使用。

肌肤瑕疵和痘痘比较多： 要让粉色隔离霜在粉底下面透出隐隐的光泽，才能发挥出它的百分百效果。也就是说粉底要淡淡地涂、轻薄地涂才行。不过瑕疵和小痘痘比较多的人，为了达到遮瑕的目的会在需要的地方涂上一层厚厚的粉底，很可惜的是你之前精心涂抹的粉色隔离霜就这样被粉底遮掩了"光辉"。

产品推荐

香奈儿 – 凝白亮彩美白隔离霜 | 植村秀 – 慕斯泡沫粉色隔离霜 | SON&PARK（韩国化妆品牌）– 隔离霜

请这样涂抹

工具清单

A. 防晒霜 黛珂 – 防晒乳
B. 隔离霜 香奈儿 – 凝白亮彩美白隔离霜
C. 海绵 自然主义 – 五角海绵

A　　B　　C

在位于面部与衣服之间的颈部，仔仔细细地涂抹防晒霜 A 之后，倒取如豆粒般大小的隔离霜 B（按自己的需要调节用量），涂在鸡蛋型脸廓里面（参考第 35 页图片）的额头、鼻梁、前颊和下巴上。然后用菱角海绵 C 沿着肌肤纹理由内向外轻薄地涂开，如果能灵活地调节好用量也可以不用海绵，但若涂的量过多，可以充分发挥我们之前提到的菱角海绵的作用。（参考第 13 页内容）

珠光类型的隔离霜

因为珠光类型的隔离霜产品中含有珠光粒子，所以涂到脸上时会让人产生一种"肌肤很好"的"错觉"。最近流行的产品是那种非常细腻的，甚至细小到几乎感觉不到含有珠光粒子，涂在脸上时能够让肌肤散发自然光泽。虽然大部分的珠光隔离产品都是液体型，但产品中所含的保湿成分并不多，所以当水分蒸发时，就只剩下珠光粒子"孤单"地留在脸上，给人一种肌肤比较脆弱的感觉，因此要选择那些含有保湿成分的产品。

如果你也属于以下情况，请注意！

肤色偏暗： 因珠光隔离霜中含有非常微小的珠光粒子，肌肤比较暗的人涂抹这种带有珠光粒子的隔离霜反而会让珠光粒子凸显在肌肤上，给人一种很土气的感觉。所以建议不要选择蛋白石珠光隔离霜或白色隔离霜，而应选择粉色珠光隔离霜。

肌肤凹凸比较严重： 肌肤凹凸明显，有毛孔或痘痘的肌肤最好不要用珠光隔离霜。如果实在是很想用，那就避开鼻孔、凹凸比较明显的鼻子周围和脸前颊，只在苹果区的外侧少量涂抹，这样可以让肌肤看起来自然一些。

产品推荐

植村秀 – 全新超模心机保湿妆前乳 | 菲诗小铺 – 高光液

请这样涂抹

用手涂抹的方法

工具清单

A. 珠光底妆
植村秀 – 全新超模心机保湿妆前乳

用指尖蘸取适量产品之后，轻轻涂抹开即可。即使是淤积涂不开也不要担心，因为粉底粒子很小，在涂抹过程中，粉底会自然晕开。

用菱角海绵涂抹的方法

工具清单

A. 珠光底妆
菲诗小铺 – 高光膏
B. 海绵
自然主义 – 五角海绵

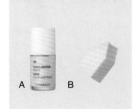

A　　B

如果产品的珠光粒子比较大或是护肤成分不足，可以将 A 点在高光部位，用菱角海绵的粗糙面沿着肌肤纹理由内而外轻轻推开，不要晕妆。（参考第 13 页内容）

妆前乳

产品中含有的硅胶成分可以暂时遮住零散凹凸的毛孔，塑造出光滑美肌，因此妆前乳主要用在眉宇间、下巴及有凹凸的地方。但过度使用会促进皮脂分泌，对肌肤不好。如果毛孔比较大，涂上妆前乳后，产品会进入毛孔，皮脂分泌后进入毛孔里的产品会再涌出来，反而会让肌肤看起来不干净，需要注意这一点。

妆前乳的基本涂抹方法

工具清单

A. 妆前乳
玫珂菲 – 毛孔修复妆前乳
B. 菱角海绵
自然主义 – 五角海绵

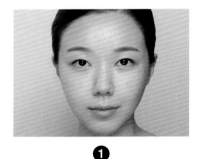

❶

建议毛孔比较大的肌肤选择略为黏稠的产品，毛孔比较小的肌肤选择水分丰富的产品。充分地倒取妆前乳A后，点在需要涂抹的部位。建议只在局部涂抹妆前乳A，如毛孔比较突出的鼻子和脸前颊处。

❷

基础护肤要由内向外沿着肌肤纹理涂抹，但因为肌肤的凹凸方向是不确定的，所以要向周边涂抹妆前乳A。手不要用力，用指尖轻轻地向周边滚动式移动，将其涂抹在肌肤上。涂抹完后用手触摸时感觉比较干爽就可以了。

❸

涂完妆前乳后，如果直接涂抹粉底，可能会出现不易涂开、晕妆现象。因此用菱角海绵B的粗糙面轻扫，让面部只留下需要涂抹的量即可。

❹ 轻轻捏住菱角海绵B（参考第13页内容），沿着肌肤纹理用海绵的粗糙面在面部轻轻扫几次，这样脸上就会只剩下最需要涂抹的妆前乳的用量。

粉底

涂抹粉底是为了达到遮瑕和修正肤色的目的。而最近这几年，彩妆流行趋势越来越趋向于看起来自然健康的妆容。因此我们不要太执着于产品的遮瑕效果，而要选择能够演绎出自我、适合自己的底妆。在这一节里我将为大家讲解粉底的基本涂抹方法和选择适合自己的粉底的要领。

工具清单

A. 粉底
玫珂菲－清晰无痕粉底液 215 号
B. 粉底刷
毕加索－17 号刷

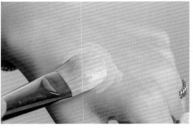

❶ 若直接把粉底 A 点在脸上后涂抹，用量掌握不准的几率比较大。所以要先把 A 多倒一些在手背上，根据产品的类型和产品的特性，慢慢调节直至掌握自己需要的用量。

❷ 用粉底刷 B 的刷毛尖的一半蘸取粉底 A。为了让粉底更均匀地渗入刷毛里，需要前后反复混合一下。如果只用刷毛的一侧蘸取产品，容易留下化妆刷的刷痕。

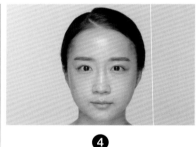

❸ 在手背比较干净的地方轻轻按压粉底刷 B，这样进入粉底刷里的粉底在涂到面部时就很容易按压出来。如果刷毛前后没有均匀蘸取产品，只沾在一个面上，在涂抹时就会因为按压出的粉底量过多，让妆容看起来不自然。

❹ 在面向镜子的状态下，用眼睛锁定自己面部的"鸡蛋形区域"（参考第 35 页）。

❺ 水平方向握住刷柄，在鸡蛋形区域里，从脸颊分界线处开始，将粉底点在脸颊上后按压式地涂抹开。一次不要涂太多部位，只要涂抹粉底刷在肌肤上点过的部位就好，让粉底贴在脸上。

6

粉底刷 B 以向鼻翼方向移动的感觉，与之前步骤中涂抹的粉底区域 a 层叠，涂到 b 的位置。简单点说，从脸颊的分界线到鼻翼的位置，像是层叠的鱼鳞一样来涂抹。需要注意的是只用粉底刷的一面涂抹，避开嘴巴周围和眼睛。从脸颊部位涂抹到鼻翼开始的部分就算结束了。

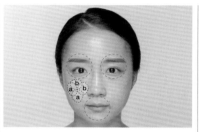

7

这是涂抹完粉底的脸颊区域的样子。因为脸颊的大部分斑痕和红晕都在这个区域里面，这里是最需要遮瑕的部位，所以粉底蘸取最多时要先涂抹在这里。需要注意的是眼睛和嘴巴周围不涂抹粉底。

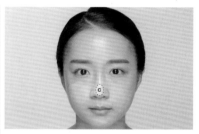

8

接下来要继续涂抹眉宇间和鼻梁。鼻尖部分用化妆刷比较宽的面平铺似的涂抹粉底，就像图片中 c 的样子。

9

鼻子部分就像涂抹脸颊一样，以鱼鳞层叠的感觉从眉宇间移动粉底刷，循序渐进地涂抹粉底 A。在整个鼻梁上面，自然连接泾渭分明的鼻梁和鼻翼的分界线。

10

用与步骤 9 中相同的方法从眉宇间开始向着太阳穴的方向涂抹粉底 A。因为额头上的脂肪不多，容易留下刷痕，所以在刷这个部位时，刷子要比涂脸颊和鼻子时略竖立起来，减少刷毛触碰到额头的面积。只在锁定的鸡蛋型区域里面涂抹粉底 A。

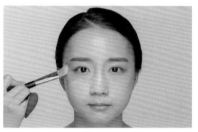

11

到太阳穴的时候查看一下粉底刷 B，如果感觉刷毛上粉底的量明显比一开始少了很多，就说明不需要再蘸取粉底，可以直接转到下一个步骤了。

⓬

查看一下粉底 A 的涂抹状态，你会发现大部分粉底涂在了鸡蛋型区域里面。

⓭

粉底刷 B 从脸颊的鸡蛋型区域的分界线（边线）挪开后，利用涂抹在分界线上的粉底，向着下巴线方向移动涂抹。这样外边就会涂得非常轻薄，散发出肌肤的自然色泽。以这种方式涂抹粉底，能够让面部轮廓富有立体感而灵动。

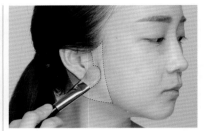

⓮

发际线和髯须（长络腮胡子的地方）也要仔仔细细地遮盖一下。我们总觉得红晕应该长在脸上，但意外的是很多人在耳朵后面有红晕现象，如果能把这部分也遮住，效果会更好。

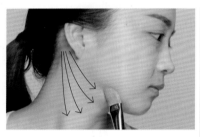

⓯

参照图片中箭头的指示方向，用粉底刷 B 仔细涂抹下巴窝凹进去的部分和颈部。这样能够让颈部和面部的肤色更自然地连接在一起。

⓰

接下来要涂抹下巴了，不用担心粉底刷上的粉底剩多少。因为化妆刷的另一侧剩下的少量粉底还够涂在下巴、鼻子下面及嘴巴周围。

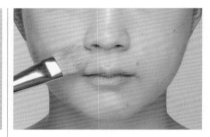

⓱

鼻孔和嘴巴周围面积都比较小，因此可以用粉底刷的三分之一仔仔细细地涂抹后，将剩下的粉底涂在双唇上。只有掌握好了双唇的血色，才能确认整个面部的肤色，将唇线和肌肤连接在一起涂抹，可以起到遮瑕的作用。

⓲

粉底刷 B 上就只剩下一点点粉底 A 了，这时可以将其涂在眼睛周围。

⓳

发际线也是需要非常仔细遮瑕的部位。握住粉底刷使之与发际线垂直（如图所示），之后将刷毛铺开在发际线上，就像让刷毛挤入头发间隙里一样，左右移动粉底刷 B，仔细涂抹。发际线上的肌肤也要涂抹粉底，避免像戴了个假面具一样有造作感。边线也按照上面的方法向外涂抹。

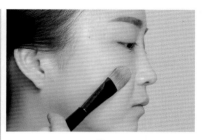

⓴

结束第一次的遮瑕步骤后，可以察看一下你的面部。因为是用粉底刷 B 蘸取粉底 A 按压黏在肌肤上，对于初学者并不简单，很容易留下刷痕。所以大家在涂抹时可以将化妆刷的整个横铺面想象成气垫，在留下刷痕的部位，用化妆刷的整个横铺面轻轻拍打。另一半脸也以相同的方法遮瑕，这样可以提高肌肤细腻感，塑造自然的美丽底妆。

㉑

如果觉得化妆刷使用起来比较难，可以使用气垫以同样的方法涂抹。需要注意的是使用气垫时不能太用力，太过用力会拍掉精心涂抹的隔离霜。以感觉能够去掉刷痕的力度轻拍就可以了，切记是轻轻地拍打！

工具清单

A. 粉底
玫珂菲 – 清晰无痕粉底液 215 号

B. 气垫
谜尚 – 气垫

A   B

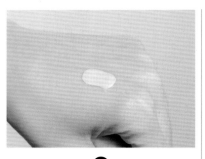

1

将适量的粉底 A 倒在手背上，便于调节产品用量。如果将粉底直接点在面部涂抹，不需要遮瑕的部位和需要遮瑕的部位很容易出现差异。

2

将食指、中指、无名指套入气垫 B 里（如图所示）。手指不要套得太往里，否则不利于调节气垫，只将指尖部分套入气垫里即可。

3

用中指向里推气垫 B。

4

在中指往前推的状态下，将手背上的粉底 A 抹在气垫 B 上。

5

因为是在中指垂立的状态下将粉底抹在气垫 B 上，所以气垫中央会呈现一块如一元硬币大小的粉底 A。

6

面部看向镜子的正前方，用眼睛锁定面部的鸡蛋型区域（参考第 35 页），确认自己哪里比较红，哪个部位需要遮瑕。大部分人是两边的脸颊前侧比较需要。

7

用中指轻推沾有粉底 A 的气垫，在最需要遮瑕的部位轻轻推抹开。注意不是拍打肌肤，要像放在肌肤上面一样涂抹。

绝密小窍门

气垫的作用就是遮瑕和涂抹。所以在用气垫遮瑕的时候，要像把粉底黏在肌肤上一样涂抹。要似触非触地、轻轻地涂抹，粉底才能被演绎得更加自然，气垫离开肌肤的距离不要超过 1 厘米。

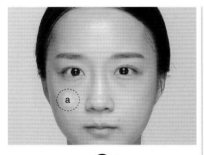

❽

这是用 B 再涂一次的样子。如果留下像盖章一样的痕迹（如图所示），就说明做得很好。

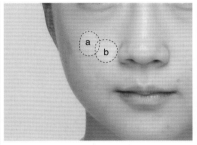

❾

用气垫 B 蘸取粉底 A 点在肌肤上然后向旁边移动，以同样的方法略微重叠按压（如图中 b 的位置）。如果再用气垫按压涂抹过粉底的部位，气垫就会吸收掉之前精心涂抹过的粉底，因此涂抹过的位置绝对不要再返回去涂抹。

❿

点过粉底的前颊的样子，会不会有种很熟悉的感觉呢？这样点完粉底，继续"守住"鸡蛋型区域，向里面涂抹。

⓫

用气垫 B 轻轻拍打前颊上涂抹过粉底的最边缘，然后移动到下巴处，将剩下的粉底在轮廓线里扩散开。这也是让轮廓变得更加自然的方法。另一侧的脸颊也以同样的方法重复即可。

⓬

用气垫 B 轻轻按压连接髯须（也就是络腮胡子）、下巴线、颈部等部位。充分利用被气垫吸收的剩下的粉底，在摸起来比较硬的骨头的最边缘位置轻轻向外扫一扫，如果感觉这里凹凸比较大，就一定要拍打才行。

绝密小窍门

夏天穿低领衣服时，记得在颈部到锁骨部位涂上粉底。

⓭

现在用气垫 B 的中央再次蘸取粉底 A，蘸取的量略少于涂抹脸颊时的用量，之后就像盖章一样，沿着鼻梁轻轻按压。

⑭

用气垫 B 轻轻按压，延展鼻梁和鼻翼之间不太自然的分界线，并在鼻梁上涂抹粉底 A。

⑮

用气垫 B 沿着鼻子的一侧，以推动式的感觉按压，这样才能让鼻子比较曲折的部位也可以涂抹上粉底 A。现在轻轻拍打，自然连接鼻子和脸颊上的粉底。

⑯

再次用气垫 B 蘸取 5 毛硬币大小的粉底 A，以眉宇间为起点，像画扇子一样，轻轻点在肌肤上。

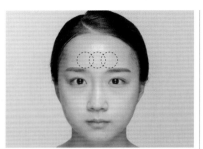

⑰

用涂抹脸颊的方法略微用力地在眉宇间和额头上点几下粉底 A。

⑱

用气垫 B 在扇子区域的外围，沿着太阳穴轻轻拍打，直到下巴线为止。轻轻拍打剩下的粉底 A，使其绵延在面部外围线上，让轮廓变得更为自然不造作，舒缓面部分界线。

⑲

用气垫 B 将粉底 A 涂抹在发际线里头发比较稀少的地方。将气垫上剩下的粉底向着外侧涂抹，这样粉底能很好地贴在肌肤上。

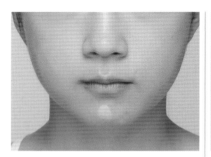

⑳

再次用气垫 B 蘸取 5 毛硬币大小的粉底 A，用力点在下巴前侧。

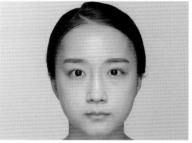

㉑

用气垫 B 以相同的方法点 3~4 次粉底 A，并轻轻拍打，让粉底 A 在下巴周围蔓延开。

㉒

将剩下的粉底轻轻涂抹在嘴唇和人中上。

㉓

到了这一步，气垫 B 上就没剩下多少粉底 A 了，不用再蘸取粉底 A，将剩下的粉底轻轻拍打在眼窝和眼睛下面部分。

㉔

用气垫 B 蘸取 1 毛硬币大小的粉底 A，下嘴唇往里抿，露出下巴后从嘴唇下方肤色最深的部分开始，略微用力按压粉底 B，让粉底服帖在肌肤上之后，轻轻拍涂在下巴上的粉底，让分界线蔓延开。

㉕

如果脸上留下了拍打的痕迹，可以用气垫 B 略微用力拍打这个部分，消除两者的界限。肌肤较好的人可以就此结束基础底妆的涂抹步骤。

㉖

红晕和瑕疵比较严重的部位，需要再次遮瑕。用气垫 B 取 5 毛硬币大小的粉底 A，略用点力按压在有红晕和需要遮瑕的地方。

㉗

在刚才涂抹过粉底 A 的部位，用气垫 B 略微用点力拍打肌肤，这是让粉底太厚或是不太自然的部位更加完美的步骤。如果看起来有分界线，可以用气垫 B 在有分界线的部位轻轻拍打，不着痕迹地跟遮瑕的部分连起来。

选择适合自己的粉底

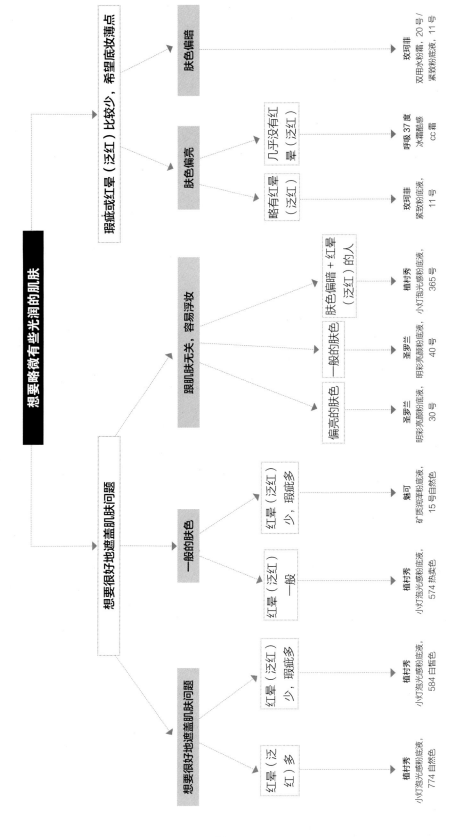

想要略微有些光润的肌肤

想要很好地遮盖肌肤问题

瑕疵或红晕（泛红）比较少，希望底妆薄点

肤色偏暗
玫珂菲
双用水粉霜，20 号 /
紧致粉底液，11 号

肤色偏亮
略有红晕
（泛红）
玫珂菲
紧致粉底液，
11 号

几乎没有红
晕（泛红）
呼吸 37 度
冰霜酷感
cc 霜

跟肌肤无关，容易浮妆
肤色偏暗＋红晕
（泛红）的人
植村秀
小灯泡光感粉底液，
365 号

一般的肤色
圣罗兰
明彩亮颜粉底液，
40 号

偏亮的肤色
圣罗兰
明彩亮颜粉底液，
30 号

一般的肤色
红晕（泛红）
少，瑕疵多
魅可
矿质润泽粉底液，
15 号自然色

红晕（泛红）
一般
植村秀
小灯泡光感粉底液，
574 热卖色

想要很好地遮盖肌肤问题
红晕（泛红）
少，瑕疵多
植村秀
小灯泡光感粉底液，
584 白皙色

红晕（泛
红）多
植村秀
小灯泡光感粉底液，
774 白然色

※ 因为肤色偏暗的人不太容易看出肌肤的斑痕或是红晕，所以不需要为了遮瑕痕而购买粉底。

48

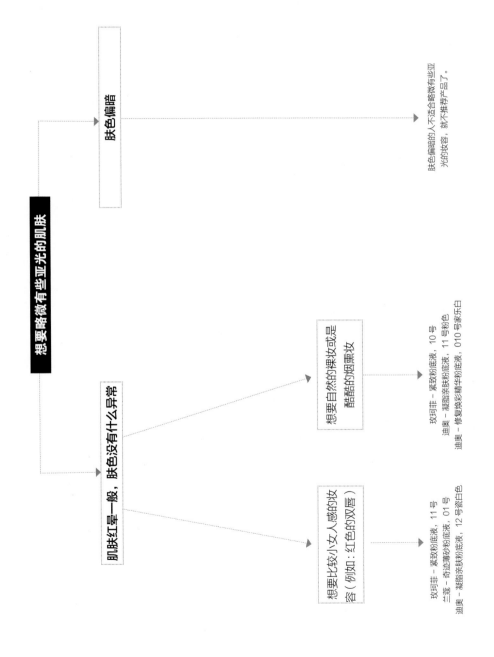

想要略微有些亚光的肌肤

肤色偏暗

肌肤红晕一般，肤色没有什么异常

想要比较小女人感的妆容（例如：红色的双唇）

想要自然的裸妆或是酷酷的烟熏妆

玫珂菲 - 紧致粉粉底液，11号
兰蔻 - 奇迹薄砂粉底液，01号
迪奥 - 凝脂柔肤粉底液，12号瓷白色

玫珂菲 - 紧致粉粉底液，10号
迪奥 - 凝脂柔肤彩粉底液，11号粉色
迪奥 - 修复焕彩精华粉底液，010号家乐白

肤色偏暗的人不适合略微有些亚光的妆容，就不推荐产品了。

遮瑕膏

如果只用粉底遮瑕，底妆看起来会非常厚重，成为"人造妆容"，而遮瑕膏是解决这一难题的"大救星"，是非常值得感谢的一款产品。用粉底轻薄地涂抹使整个面部肤色看起来自然，然后用遮瑕膏遮盖有毛孔或是瑕疵的地方就可以了。熟知遮瑕膏的使用方法，就可以非常惊人地提高化妆水平。

请这样选择

1. 一定要储备黑眼圈用和遮瑕用两种遮瑕膏

我周围有很多人的遮瑕膏都是一膏两用，就是既用来遮瑕，也用来遮盖黑眼圈。但我建议大家一定将两者区分开，选择遮瑕专用遮瑕膏和黑眼圈专用遮瑕膏。

2. 购买遮瑕力比较强的遮瑕膏

遮瑕膏言如其意就是要达到遮掩的目的，因此遮瑕效果一定要好。

3. 遮瑕用遮瑕膏要选择适合自己肤色的产品

如果选择比自己肤色亮，或是比自己肤色暗的遮瑕膏遮盖瑕疵，会很容易让人看出来。因此选择与自己肤色相匹配的遮瑕膏非常重要。遮瑕膏的颜色不像粉底那样多种多样，因而我们会感觉难以选择，这时可以跟自己使用的粉底混合调配出适合自己肤色的颜色。而遮盖黑眼圈用的遮瑕膏就略有不同（详情参考后面第 54 页的说明）。

4. 选择遮瑕膏专用遮瑕刷

在接下来的一章里会介绍有关这一方面的内容。现在市面上出售的遮瑕膏形态和质地比较多样化。除了笔状遮瑕膏外，在涂抹遮瑕产品时需要借用遮瑕刷涂抹，才能灵活运用产品，达到满意效果。也有那种内置触感类型的遮瑕刷，不过大部分都是用一次就会用掉很多产品的那种刷子，不能实现"用最小的量涂出轻薄清透的感觉"。

遮瑕膏的种类

棉棒型遮瑕膏

棉棒型遮瑕膏在遮盖像雀斑、痣等面积比较大的瑕疵时会有很好的效果。用沾有遮瑕膏的棉棒在有斑痕的部位略微用力地"点式涂抹"是错误的方法。应该先用力点一下遮瑕膏，然后用气垫在分界线上用力拍打予以遮瑕，或是用内置棉棒蘸取一些遮瑕膏与粉底混合后用化妆刷涂抹。

产品推荐

VDL – 遮瑕膏

胶棒型遮瑕膏

胶棒型遮瑕膏适合面部斑痕分布零散的人。用胶棒形遮瑕膏在需要遮瑕的部位轻轻画一下，再用化妆刷或气垫轻轻拍打遮瑕。跟棉棒型遮瑕刷一样，胶棒型遮瑕膏在遮盖零散的瑕疵时要使用遮瑕专用化妆刷。

产品推荐

芭比波朗 – 面部修饰遮瑕膏

粉饼盒型遮瑕膏

粉饼盒型遮瑕膏装在小盒子里，是略微有些凝固质感的遮瑕膏，遮瑕力比较强。

产品推荐

AIRTAUM – 双色遮瑕膏 | 珂莱欧 – 美肌艺术遮瑕液

笔状遮瑕膏

笔状遮瑕膏适合肤质较好，但面部有很多零散的雀斑和痣的人。如果想要遮盖那些比较大的痘印，可以用稍微粗一点的笔状遮瑕膏。用笔尖用力点一下有瑕疵的部分，能够遮住一般的瑕疵，不需要再绵延开；如果瑕疵比较深重，可以反复多涂几次，并用遮瑕刷将其绵延开，避免遮瑕膏和底妆分层。

产品推荐

植村秀 – 双头遮瑕笔，粉色 | PARIS BERLIN（法国化妆品牌）– 遮瑕蜡笔 217 号

触感笔状遮瑕膏

触感笔状遮瑕膏内含遮瑕刷，用内置刷头略微用力点一下需要遮瑕的部位即可，这种遮瑕笔非常方便又利于携带。如果产品内置化妆刷的质量不是特别好，容易降低产品的服帖度，难以发挥出产品的性能。而且一次蘸取的量过多，容易造成晕妆现象。在遮盖像鼻孔一样的地方时需要用手或是化妆刷、气垫仔细地轻轻拍打，提高产品服帖度。

产品推荐

圣罗兰 – 明彩笔

皮脂分泌较多，容易脱妆的鼻子周围、眉宇间和嘴唇的遮瑕方法

工具清单

A. 偏亮色的遮瑕膏
AIRTAUM – 遮瑕膏
B. 比 A 暗黄一些的遮瑕膏
AIRTAUM – 遮瑕膏
C. 遮瑕刷
得鲜 – 遮瑕刷

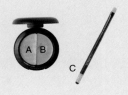

❶

鼻子周围、眉宇间、嘴唇等处是比较容易脱妆的地方，因此需要考虑到这些部位的补妆。建议选择便于携带、能够很好地修复红色素的偏黄色与裸色二合一的产品。鼻子周围和眉宇间用比较浅的遮瑕膏 A；与下巴连在一起的、颜色比较暗沉的嘴唇周围要用暗一些的遮瑕膏 B。

❷

鼻孔和鼻子周围是面部比较有深度的部位，因此使用刷毛略短的遮瑕刷 C 会更合适。但刷毛过短容易留下很多刷痕，因此选择长短适中的产品非常重要。

❸

在手背上倒取少量的遮瑕膏 A 后，用遮瑕刷 C 的整个刷面均匀地蘸取产品。

❹

将遮瑕刷 C 放在手背比较干净的地方，用力按压刷毛，使整个刷毛面平铺在手背上，调节刷毛里的遮瑕膏 A 的用量。需要注意的是要把整个刷毛平铺手背上，刷柄垂直竖立，挤出刷毛里的遮瑕膏。

❺

遮瑕刷 C 放在鼻子周围最红的部位上，让遮瑕刷的整个刷毛都铺开按压在肌肤上，利用手腕的腕力抽掉遮瑕刷。

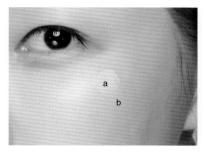

❻

像步骤5一样移动遮瑕刷，遮瑕刷一开始接触的部位（图a）涂抹比较多的遮瑕膏，抽掉化妆刷时的部位（图b，也就是从a往下滑动的部位）留下少量遮瑕膏。这样会形成很自然的渐变感，其他部位的瑕疵也请以同样的方法涂抹。

❼

现在要做的是除掉刷痕。如图所示遮瑕刷C的整个刷面与面部几乎呈竖直粘贴状，轻轻拍打界面，让遮瑕膏A在肌肤上更服帖，使涂抹过底妆和遮瑕膏的部分自然地连接在一起。

绝密小窍门

如果嘴唇周围的颜色和遮瑕膏B的颜色不是很相配，可以跟遮瑕膏A混合，调配出适合肌肤的颜色。

❽

用遮瑕刷C蘸取遮瑕膏B，从人中或是下巴底下开始向着嘴唇的方向涂抹。因为需要移动的部位比较多，容易生成皱纹，所以涂抹时稍微立一下刷毛尖轻轻扫动即可。

工具清单

A. **遮瑕膏**
罗拉玛斯亚 – 眼部遮瑕膏 2 号
B. **遮瑕刷**
得鲜 – 遮瑕刷

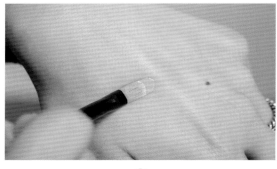

①

即使是一般的黑眼圈也有需要遮瑕的日子，这时可以在手背上倒取适量的眼部专用遮瑕膏 A，用遮瑕刷 B 的三分之一的刷毛，前后均匀地蘸取一些遮瑕膏。散发着橙色光感的裸色遮瑕膏能够非常有效地遮盖黑眼圈。

②

将遮瑕刷 B 放在手背上比较干净的地方，平铺开刷毛后用力按压，调节刷毛中含有的遮瑕膏的量。要让刷毛整体平铺在手背上，刷柄垂直，挤压出遮瑕膏来才可以。涂抹的量太多，不仅容易浮妆，而且还容易让肌肤受伤。

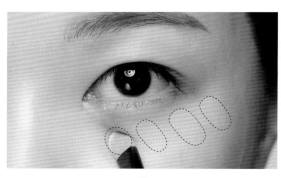

③

避开卧蚕部分，从颜色最重的眼尾开始，沿着眼窝以射线方向画上四笔。然后遮瑕刷放在射线方向，轻轻按压整个刷毛，用手腕的力量抽掉遮瑕刷。

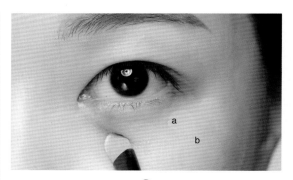

④

认真看一下涂抹过遮瑕膏 A 后的样子。从卧蚕的最下方到眼尾的四个倾斜的射线是不是涂抹得跟刷毛的长短一样呢？因为是以颜色最重的眼尾方向开始画的射线，所以我们能够看到射线区域的上方图 a 要比图 b 的浓度浓一些。

❺

将遮瑕刷 B 最大化地平铺在涂抹过遮瑕膏 A 的下方之后，就像向着脸颊画射线一样轻轻绵延消除层次感。

❻

这个步骤里的遮瑕刷 B 要比前一个步骤中略微垂立一点，在前面步骤里没有动过的射线区域的上面部分，用刷毛尖轻轻扫动似的移动，让遮瑕膏 A 在肌肤上更加服帖。完全不要用力，向着外面方向绵延开遮瑕膏以消除层叠感。

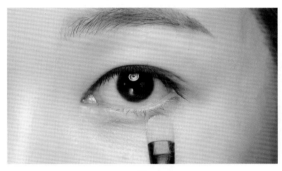

❼

因为是遮瑕离眼睛最近的部位，所以遮瑕膏 A 容易涂抹到下睫毛。这样会消除眼睛的立体感，让眼睛看起来比较小。需要注意不要让睫毛部分粘上遮瑕膏 A，越是离眼睛近的部位越要把刷柄垂立起来轻轻扫动。

❽

化妆刷上剩下的遮瑕膏可以轻轻扫在整个眼窝上。在上眼皮到眼睛周围轻轻涂抹让彼此连接在一起。

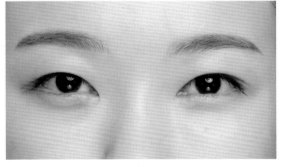

❾

照镜子确认一下黑眼圈遮盖得如何。看得出黑眼圈的部分可以再倒取少量的遮瑕膏，轻轻拍打几下。

绝密小窍门

眼睛下方有皱纹的部位如果用遮瑕膏遮瑕，半小时后，皱纹就会被左右分开。随着时间的推移，皱纹间会进入遮瑕膏，这样反而会让年龄看起来比较大，所以在涂抹遮瑕膏时要避开有皱纹的地方。不是要填充皱纹，而是遮盖皱纹周围的地方。

严重黑眼圈的遮瑕方法

工具清单

A. 遮瑕膏
罗拉玛斯亚－眼部遮瑕膏

B. 遮瑕用腮红膏
思亲肤－玫瑰腮红 3 号，玫瑰甜
橙色

C. 遮瑕刷
得鲜－遮瑕刷

❶

上图是一般底妆结束的状态。是否还会看到只用底妆产品无法遮盖住的黑眼圈呢？

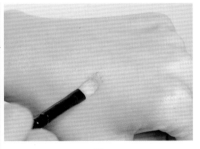

❷

如果是用前面提到的方法也无法遮盖这种茶黑色的黑眼圈，就需要活用橙红色的膏状腮红或是口红。调整遮瑕刷 C 蘸取腮红 B 的使用量（参考第 54 页）。

❸

在黑眼圈比较严重的部位点一下遮瑕用腮红膏 B。如果眼睛下方散发的是橙色的光，会让人看起来很奇怪，用暖色调的橙色遮盖茶黑色黑眼圈的意图就是想让它接近肤色。所以可以放心，很快就会变得很自然。

❹

用遮瑕刷轻轻涂抹开遮瑕用腮红膏 B。上眼皮也比较暗沉时可以用相同的方法轻轻涂抹。

❺

遮瑕刷 C 上蘸取少量的遮瑕膏 A（参考第 54 页内容），以相同的方法遮瑕。这时候需要注意的是抽空握住遮瑕刷的手部力量，向外涂抹。可以看一下遮瑕过的眼睛和没有遮瑕过的眼睛，是不是有很明显的差异呢？

绝密小窍门

脸上有青记或是斑点的人也可以用相同的方法遮瑕。

工具清单

A. 粉底
植村秀 – 小灯泡光感粉底液，
774 自然色
B. 遮瑕膏
玫珂菲 – 遮瑕膏
C. 遮瑕刷
毕加索 – Proof 06
D. 气垫
谜尚 – 气垫

A B C D

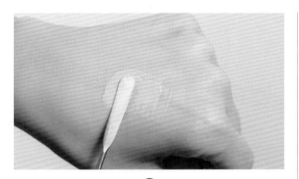

❶

遮瑕力好、服帖度高的黄色遮瑕膏 B 和粉底 A，按照 1:2 的比例倒在手背上，然后将两者混合在一起。产品互相调色后更接近肤色，而且还能提高产品的服帖度和持久力。

❷

调节化妆刷上蘸取的遮瑕膏的用量（参考第 54 页的内容），确认需要进行遮瑕的红晕部位。首先从最严重的部位（图片中的虚线部分）开始，遮瑕刷用力点开贴在肌肤上，就像盖章一样用整个刷毛按压红晕部位。

❸

以刚才点过的地方为中心，像画小漩涡一样逐渐向外延伸，用相同的方法让遮瑕膏贴在红晕部位。这样遮瑕才不会看起来很厚重。

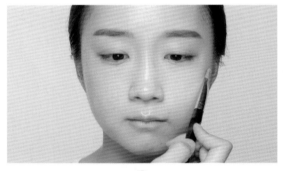

❹

这样涂抹后红晕虽然被遮住了，但会留下按压过的刷痕，因此接下来就需要消除这部分的层叠感。让刷子以连接刷柄和刷毛的铁质部分也触到肌肤的程度，整个遮瑕刷平铺在肌肤上，用扁平的整个刷毛面轻轻拍打涂抹过遮瑕膏的最边缘部分，让涂抹过粉底和涂抹过遮瑕膏的红晕处能够自然融合在一起。

绝密小窍门

用气垫轻轻拍打，绵延开层叠感。

工具清单

A. 遮瑕笔
植村秀 – 遮瑕笔，浅米色
B. 遮瑕刷
得鲜 – 遮瑕刷

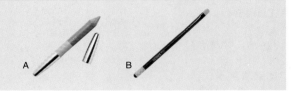

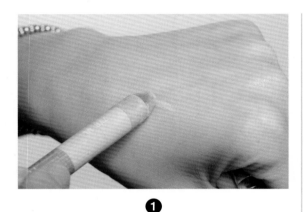

❶

将遮瑕笔 A 在手背上滚一下，用体温略微融化笔芯。

❷

用遮瑕刷 B 的毛尖沾上遮瑕笔 A 后点一下痘印，只要能遮住瑕疵就行。要正确地遮住痘印，在选择化妆刷时尽量选择刷毛裁剪部分的宽度和痘印的大小（长度）相似的。

❸

将刷毛的毛尖竖立起来，以遮盖平坦的痘印的感觉，将沾有遮瑕膏 A 的遮瑕刷 B 在痘印处用力点一下。

❹

将遮瑕刷 B 以 45 度角平铺，轻轻拍打肌肤，自然绵延开层叠感。如果遮瑕膏涂抹到了痘印之外，可以将遮瑕刷上的遮瑕膏涂在手背上，或用湿巾擦拭干净之后，用刷毛的毛尖放在瑕疵之外的遮瑕膏上，轻轻向外涂抹开就可以了。要特别注意不要擦掉你精心涂抹过的遮瑕膏。

工具清单

A. 遮瑕膏
资生堂 – 痘印遮瑕膏
B. 遮瑕刷
毕加索 – 505 号刷

❶

调节遮瑕刷 B 上的遮瑕膏的用量（参考第 54 页内容），将遮瑕刷的侧卧面放在疤痕或痘痘最外面的地方，遮盖周围发红的肌肤。

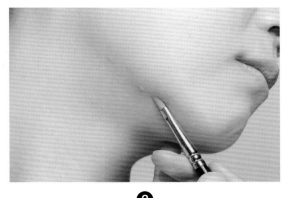

❷

痘痘周围发红的肌肤修复后，放松握住遮瑕刷的手，用遮瑕刷毛尖只在层叠的地方向外自然涂抹开。

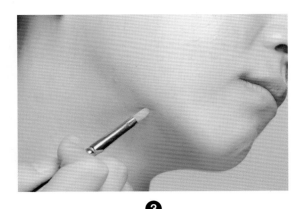

❸

如果是有结痂的情况，可以像盖印章一样用遮瑕刷毛尖在最严重的部位涂抹遮瑕膏。

粉饼

　　韩国女人喜欢脸部看起来像素颜一样自然。因为粉饼的特性，决定了它只能让面部更加亚光，显得不自然，所以最近有很多人不再使用粉饼，不过这种情况仅限于我们用它来遮瑕。粉饼有很多种，不能无条件地避开它，应该根据妆容所需，恰到好处地使用它。

粉饼的种类

调节皮脂用粉

　　调节皮脂用粉涂抹在皮脂分泌比较多的部位，可以让这个地方变得非常干爽。虽然看起来是白色但它比遮瑕用粉饼的粉粒子更细小、透明，涂抹后不会显露出它的颜色。油性肌肤到了下午因为出油，容易弄花妆容，肤色也会变得比较暗沉，这时候涂抹调节皮脂用的粉，就能够一定程度地修复这种现象。

产品推荐

　　魅可－清透美颜蜜粉饼
　　玫珂菲－清晰无痕蜜粉饼
　　悦诗风吟－控油矿物质粉饼

修容粉

　　修容粉是薰衣草色、粉色、绿色等含有珠光的粉，它能够提高面部的色感，修复肌肤肤色。修容粉本身就具有抓住肌肤油光的效果，现在多用来作为遮瑕粉使用。

产品推荐

　　娇兰－幻彩流星蜜粉饼

遮瑕粉

　　遮瑕粉是在涂完粉底后，作为结束妆容或是遮瑕用的粉。涂完遮瑕粉后会有亚光感，让肌肤看起来比较好，所以在化妆时一般会根据需求用化妆刷蘸取少量的遮瑕粉扫在脸上。

产品推荐

　　玫珂菲－彩妆师挚爱粉饼，113 号

亚光肌底妆最后呈现的是没有光泽的肌肤，能演绎出一种不凡的形象。但是需要注意如果不能完美地控制好肌肤纹理，反而会让妆容看起来非常乱。如果你是那种光滑无毛孔的"瓷感肌"，就可以马上挑战这种亚光肌。但是经常画这种亚光肌会对肌肤不好，因此肌肤状态一般的人需要谨慎使用。

适合的妆容

怀旧复古或是古典风的红唇妆 / 烟熏妆 / 白净的粉色妆容 / 不含珠光的纯阴影妆容

❶

基础护肤结束后，在皮脂分泌比较多的前颊、鼻子周围、眉宇间、前额上涂抹妆前乳 A。黯淡无光的肌肤再加上纹路凸显，会让妆容看起来脆弱造作。因此需要最大化地减少肌肤的纹路才行。（如果毛孔不是很大，也不是很突出，可以省略这些。）

❷

用粉底刷 C 蘸取一些粉底 B 涂抹在肌肤上（参考第 40-43 页内容）。如果没有合适的产品，也可以用自己现有的产品，不过需要活用粉类来打造亚光肌。

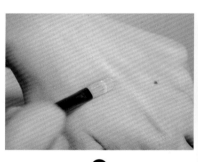

❸

手背倒上适量的粉底 B 后，用遮瑕刷 E 刷毛的三分之一蘸取产品，记得刷毛的前后面都要均匀地沾一些。

❹

将沾有粉底 B 的遮瑕刷 E 放在手背上干净的地方，用力按压到刷毛完全弯下去的程度，调整刷毛中粉底的用量。刷毛整体平铺在手背上，刷柄垂直竖立，挤压出刷毛中的粉底。

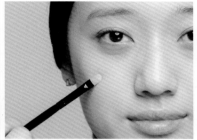

❺

将沾有粉底 B 的遮瑕刷 E 放在唇线上用力按压。如果粉底 B 流出来，可以将刷毛毛尖竖立起来，轻轻扫一扫，整理一下就好。

❻

以步骤 4 的方法，用遮瑕刷 E 蘸取遮瑕膏 D 后，遮盖面部色素、斑痕、痘痕等。

❼

粉饼刷 G 上蘸取修容粉 F 后，在气垫上调整一下用量。修容粉的角色是修正妆容，并进行最后遮瑕。如果不调整用量直接往脸上涂抹，就会让肌肤晕妆，容易浮妆。如果不太会用粉，可以果断地将用量减到最小。

❽

修容粉主要涂在脸颊和油分分泌比较多的 T 区部位，不要涂在整个面部。如果用粉饼刷直接在脸上扫会扫掉前一步骤中涂抹的产品，因此应将粉饼刷平铺后轻轻拍打，让脸上的粉粒子服帖。

❾

粉饼刷平立起来，让毛尖似触非触地接触肌肤，只在需要涂抹修容粉的地方滚动似地涂抹。汗毛比较多的人沾上粉粒子会看起来有些脆弱，而用化妆刷涂抹就可以解决这个问题。

亮光肌底妆的重点是底妆涂得更轻薄，塑造更有光泽的肌肤。一般不选用散粉，多会用遮瑕膏来锁住油分，从而塑造健康的底妆。为了表现出肌底散发出的隐约光泽感，需要使用面部精油。面部精油不是用在整个面部，所以那些对面部精油避而远之的油性肌肤也可以用它来化底妆。将面部精油涂抹在局部，会使肌肤看起来更健康，利用那些几乎感觉不到粒子的、非常细小的珠光蜜粉消除肌肤的粘腻感和油分，打造富有高级光感的完美肌肤。

适合的妆容

肌肤比较干燥，想要最大化减少粉类用量的人 / 担心会晕妆的初学者 / 毛孔比较大，不想涂太多底妆产品的人。

工具清单

A. 面部精油
DAVI – 面部精油
B. 防晒霜
艾丝珀 – 水感水珠防晒霜
C. 珠光底妆
植村秀 – 超模心机水感润泽霜
D. 粉底
玫珂菲 – 紧致粉底液，10 号
E. 粉底刷
毕加索 – FB17
F. 遮瑕膏
AIRTAUM – 遮瑕膏
G. 遮瑕刷
得鲜 – 遮瑕刷
H. 桃红色珠光粉饼
玫珂菲 – 闪亮蜜粉，3 号
I. 粉饼刷
毕加索 – 133

A　　B　　C

D　　　E

G　　H　　I

❶

认真仔细做完基础护肤后，倒取一滴面部精油于掌心。

❷

用两手揉搓后，以手掌凹陷的部分为主，轻轻放在两颊的颧骨部位。颧骨部位涂抹上面部精油 A 后，会像打了高光，肌肤看起来更有光泽感。

❸

吸气让两颊鼓起，两手像捧花一样的姿势包裹住两颊。脸颊会因为面部精油 A 的光泽变得非常饱满，对下垂的脸颊尤为有效。

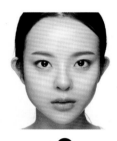

❹

这是颧骨和脸颊上涂完面部精油后，增加了光泽的样子。现在用手掌上剩下的精油 A 按压嘴巴周围，然后两手揉搓剩下的精油，让其吸收渗入手上就可以了。

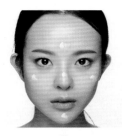

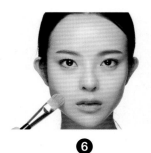

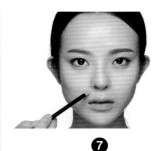

❺

将防晒霜 B 涂抹在整个面部后，在面部的高光部位（额头、鼻梁、下巴下方、苹果区）上涂抹妆前乳 C。如果高光部位油分比较多或是有小痘痘，可以只在涂抹过面部精油的地方涂抹少量的妆前乳 C，然后用三个指头轻轻拍打，增加肌肤光泽。需要注意的一点是海绵会吸收肌肤光泽，如果使用海绵涂抹会让光泽减半。

❻

用粉底刷 E 将轻薄滋润的粉底 D 在脸上薄薄地涂一层（参考第 40-43 页内容）。目的不是用来遮瑕，而是让肌肤肤色变得更均匀美丽。一定要记住粉底涂得轻薄才能让前面步骤中涂抹的面部精油和珠光隔离霜的光色看起来像自己肌肤的原本光泽一样。

❼

用蘸取了遮瑕膏 F 的遮瑕刷 G，修正肤色和瑕疵（参考第 52-53 页内容），打造出散发隐隐光泽的美丽肌肤。

绝密小窍门

想要让肌肤散发隐隐光泽，却因为皮脂分泌过多而苦恼，可以使用含有微小珠光粒子，质感轻薄的高光乳代替含有护肤成分或是透明类型的粉。用高光刷或尺寸较小的粉底刷蘸取后在想要增加肌肤光泽和立体感的部位轻扫，这样就可以消除肌肤油光，增加肌肤光泽，得到一石二鸟的效果。

　　有的人不喜欢看起来油光闪亮的肌肤，希望肌肤看起来健康富有弹力，那就打造美丽的"水光肌底妆"吧。它跟无痕亚光妆表现方法基本相似，不过更强调肌肤的水润感，能够给人带来更像日妆、更健康的印象，也是塑造童颜美妆的最优底妆，适用面非常广。

适合的妆容

　　眼妆要画得干净一些，让肌肤看起来更加健康，嘴唇上涂抹突出重点的颜色 / 散发可爱粉色光感的妆容 / 童颜美妆

工具清单

A. 防晒霜
艾丝珀 – 水感水珠防晒霜

B. 珠光底妆
菲诗小铺 – 高光

C. 粉底
魅可 – 矿质润泽粉底液，15 号

D. 凡士林
联合利华 – 凡士林特效润肤露

E. 粉底刷
毕加索 – FB17

F. 遮瑕膏
AIRTAUM – 遮瑕膏

G. 遮瑕刷
得鲜 – 遮瑕刷

H. 阴影粉饼
玫珂菲 – 粉饼 113 号

I. 粉扑
LOHBS（韩国药妆品牌）– 粉扑

J. 粉饼
魅可 – 清透美颜蜜粉饼

K. 粉饼刷
魅可 – 217

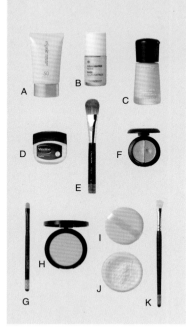

❶

如果前一晚睡觉前敷过面膜，第二天起来不要用洁面产品洗脸，只用清水清洗即可。护肤时根据平常的肌肤护理方法去做就可以。

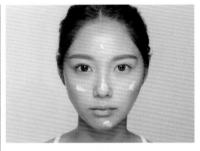

❷

涂抹质地轻薄的有机防晒霜或是有些油光感的无机防晒霜 A。如果产品本身带有颜色，会抵消掉之后塑造的光泽感，所以在选择时要挑选透明的产品。

❸

将珠光隔离霜涂抹在眉毛上方的三个点、前侧颧骨的三个点，然后从面部的内侧开始向外涂抹开。

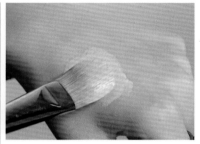

❹

随着时间的流逝，肌肤吸收油分，皮肤光感会逐渐减少，所以要将粉底 C 和凡士林 D 以 3:1 的比例混合在一起使用。粉底跟凡士林混合后容易降低粉底的遮瑕力，因此要选择那些遮瑕力比较好的粉底。

绝密小窍门

3:1 的比例并不是绝对性的比例，可以按照自己的肌肤状态调节用量。

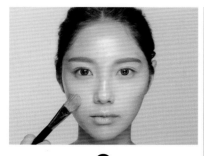

❺

用粉底刷 E 蘸取前一步骤里调配好的粉底，涂抹在脸上。（参考第 40-43 页内容）

❻

如果不太会用化妆刷，涂完后会容易留下刷痕，这时可以将整个刷毛或是吸水海绵放在水里打湿，在留有刷痕的部位略微用力拍打，这样做能够让涂抹的产品更光滑服帖。因为油不溶于水，所以也不会去掉涂抹的粉底。

❼

用遮瑕刷 G 沾遮瑕膏 F 后遮盖脸上的斑痕和色素。

❽

底妆产品有黏腻感，如果不喜欢头发粘在脸上的感觉，可以用粉扑 I 蘸取阴影粉 H 轻轻拍打在鸡蛋型区域的外围部分。用手背扫一下涂抹阴影的部位，感觉比较干、不光滑就可以了。

❾

为了打造滋润的水光肌，不能使用任何的粉，因为稍微用一点也会让肌肤光泽消失。用粉饼刷 K 蘸取极少量的修容粉 J，涂在眼睛周围去除油光后进行重点妆容打造即可。

虽然产品里含有的美丽珠光会让肌肤感觉有些亚光，但这是塑造光感肌肤的办法。这款妆容需要使用少量的粉和修容粉，重点不是在整个面部涂抹，而是涂抹在局部。皮脂和光的结合能够让肌肤更加富有丝滑感，是一款适合油脂分泌较多的人的底妆，因此推荐给油脂分泌比较旺盛的人。

适合的妆容

需要拍照的日子 / 相亲或是第一次见面需要给别人留下好感的妆容 / 想拥有跟明星们一样的素颜妆

A. 妆前乳
玫珂菲 – 毛孔隐形妆前乳
B. 粉底
玫珂菲 – 紧致粉底液，11 号
C. 气垫
谜尚 – 气垫
D. 遮瑕膏
AIRTAUM – 遮瑕膏
E. 遮瑕刷
毕加索 – 501

F. 蜜粉
魅可 – 清透美颜蜜粉饼
G. 粉饼刷
毕加索 – pony 14
H. 含有隐隐珠光的修容粉
思亲肤 – 彩虹粉饼，4 号
I. 薰衣草色定妆粉
VDL – 定妆粉

❶

如果肌肤上有毛孔，可以用妆前乳 A 进行遮瑕。（参考第 38 页内容）

❷

用气垫 C 蘸取质感轻薄，容易服帖的粉底 B，涂抹在脸上。（参考第 44–47 页内容）

❸

用遮瑕刷 E 蘸取遮瑕膏 D，遮盖色斑、斑痕和痘印等。

❹

接下来就要涂抹蜜粉 F 了，主要涂抹在颧骨、脸颊、额头、鼻子周围。跟高光部位相似的这些部位，只要表现得略微亚光一些，就能够让肌肤变得如丝绸一般光滑。不过，要排除那些比较容易长皱纹的地方，或是已经长出皱纹的地方及紧绷感比较严重的地方。

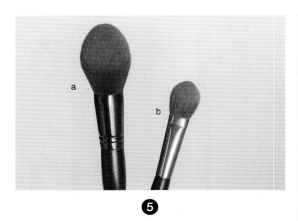

❺

请准备好涂抹修容粉 F 的粉饼刷 G。因为不是涂抹在整个面部而是要仔仔细细地涂抹在肌肤的凹凸间隙里，所以选择化妆刷时，比起毛量比较饱满的化妆刷 a，尺寸较小的化妆刷 b 会更好一些。

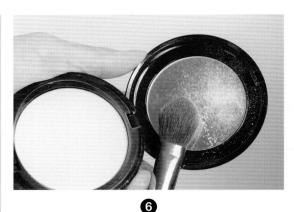

❻

用粉饼刷 G 蘸取蜜粉 F 后，轻轻抖一下，调节产品用量，以免蘸取得太多。

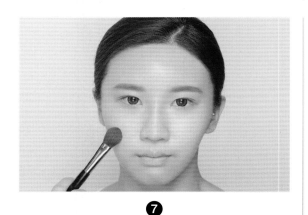

❼

在步骤 4 锁定的部位里，从红晕比较严重的部位开始涂抹修容粉 F。不要用力按压刷毛尖，利用粉饼刷 G 的比较宽的刷毛面，像把修容粉粘贴在肌肤上一样，让修容粉服帖。

❽

把不需要的蜜粉 F 去掉，用粉饼刷 G 由内而外，以射线形式轻轻扫一扫。毛尖移动时要在肌肤上似触非触，化妆刷移动一次的范围是化妆刷刷毛的两倍长度最合适。

绝密小窍门

如果是比较扁平的化妆刷，可以将化妆刷的剪裁面贴在肌肤上，以射线或是一字直线的方式移动，清除掉多余蜜粉。如果是圆形的化妆刷可以以画圆的方式清除掉多余蜜粉。

9

一般眉宇间是红晕和皮脂分泌比较严重的地方。用粉饼刷 G 的整个刷毛轻轻拍打眉宇间以帮助固定蜜粉。然后将刷毛的一半放在肌肤上，使蜜粉服帖在肌肤上，就像画直线一样由内向外移动，扫掉不需要的蜜粉。

10

用粉饼刷 G 蘸取少量的蜜粉 F，平铺化妆刷，沿着鼻梁，用粉饼刷的整个刷毛轻触肌肤让蜜粉服帖在肌肤上。然后把化妆刷立起来，用刷毛毛尖轻轻扫去不需要的蜜粉 F。下巴也以相同的方法涂抹蜜粉 F 后，轻轻扫一下。

11

用粉饼刷 G 蘸取散发隐隐珠光的修容粉 H，用整个刷毛面在苹果区轻轻拍打。将修容粉 H 拍打在苹果区和高光部位上。

12

将粉饼刷 G 的剪裁面贴在肌肤上，由内向外以射线形式移动，去掉多余修容粉。所有粉质类型的产品拍打固定后，去掉多余的用量，能够提高妆容的持久力。

13

反复 11、12 的步骤 3 次。只让适量的珠光渗入肌肤凹凸的空隙里，这样会令面部散发高贵的光泽感。

绝密小窍门

遮瑕后如果感觉肌肤有些发黄，可以用粉饼刷 G 蘸取极少量的薰衣草色的粉，轻轻涂抹在整个面部，这样能够非常有效地提升肌肤血色。

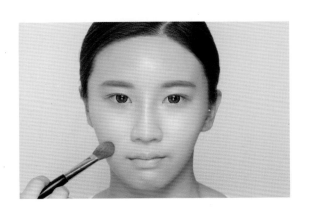

各种类型的肌底妆——

清纯肌底妆

清纯肌底妆是用遮瑕膏遮盖最小的问题点而演绎出的底妆，虽然看起来像素颜，却能够塑造出一股高贵和清纯相结合的美感。想要塑造出这样的底妆，肌肤的底子要够好才行。大家一定要铭记：按照开始教给大家的基本护肤方法，持续不断地去做，就可以让你的肌肤变成连打造清纯底妆也不成问题的美丽肌肤。

工具清单

A. **防晒霜**
艾丝珀 – 水感水珠防晒霜
B. **珠光底妆**
植村秀 – 超模心机水感润泽霜
C. **红晕（泛红）用黄色遮瑕膏**
圣罗兰 – 明彩笔
D. **遮瑕刷**
得鲜 – 遮瑕刷
E. **斑痕遮瑕膏**
珂莱欧 – 美肌艺术遮瑕膏
F. **黑眼圈专用遮瑕膏**
罗拉玛斯亚 – 眼部遮瑕膏 2 号
G. **粉底刷**
毕加索 – FB17

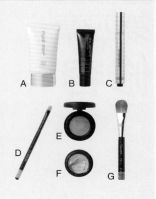

❶

认真仔细地做完基础护肤后，肌肤会变得非常滋润，这时将含有微小珠光粒子的防晒霜 A 涂抹在整个面部。如果使用的防晒霜不含珠光微粒，那就需要再多涂一点妆前乳 B。

❷

不管你的肌肤有多好，脸颊和眉宇间都会有一定程度的红晕现象，需要使用黄色的遮瑕膏 C 进行遮盖。比起胶棒状的遮瑕产品，这样触笔状的遮瑕产品会更好一些。

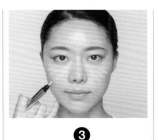

❸

如图所示，在两颊上涂抹 3 列遮瑕膏。

❹

用粉底刷 G 将涂抹的遮瑕膏绵延涂开。为了跟前边涂抹的珠光防晒霜自然融合在一起，涂抹时要轻薄服帖才好。

❺

用遮瑕刷 D 蘸取遮瑕膏 E。（参考第 54 页内容）

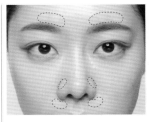

❻

按照鼻孔、两颊、下巴、眉宇间的顺序涂抹遮瑕膏 E。要遮盖有色素沉淀的地方，避开有肌肉和皱纹的地方，这样表现才不会有紧绷感和沉闷感。

❼

因为只是在高光区域涂抹，用遮瑕膏轻薄地遮盖，所以能够让面部轮廓更加自然。

❽

请用黑眼圈专用遮瑕膏 F 遮盖黑眼圈（参考第 54 页的内容）。

第四章
修容

化妆工具

EYE（眼部）
兰芝 – 晶彩四色眼影 优雅裸色
EYE LINE（眼线）
植村秀 – 手绘眼线笔 褐色
BROW & CURL（眉毛和睫毛）
植村秀 – 自动砍刀眉笔 深褐色
得鲜 – 双色眉粉套装 1号自然褐色
魅可 – 持久纤长睫毛膏
FACE（面部）
魅可 – 滴管粉底 15号
思亲肤 – 彩虹粉饼 4号
魅可 – 矿物高光修容粉饼 褐色
LIP（唇部）
芭比波朗 – 悦红唇膏 49号玫紫

修容的基本概念

    因为人的面部轮廓是凹凸不平的，有需要凸出来会更漂亮的地方，也有需要凹进去才会更漂亮的地方。例如：额头部分，比起扁平的额头，稍微有些圆圆的，隆起的额头会更好看一些；侧面颧骨只有在面部曲线不那么往外突出才会显得更漂亮。修饰轮廓就是我们所说的"修容"的基本原理，非常简单。修容就是利用了亮色会显得向外凸出，而暗色会显得往里凹陷的"错视现象"。面部需要往外凸出的地方，可以涂抹比自己肤色亮的颜色，使其看起来往外凸出；需要凹进去的地方可以涂抹比自己肤色暗的颜色，使其看起来往里凹陷。通过颜色修饰，从而让整个面部轮廓更接近理想的"美人型"。通过暗色和亮色的对比而产生的错视效果，能够调整好整个面部轮廓，打造高贵的形象，因此，修容的重要性日益增加。请记住：能够打造出向外凸出感觉的是"高光"，能够打造出向里凹进感觉的就是通常我们所说的"暗影"或"阴影"，这些是在基础底妆结束后，彩妆阶段开始时用到的技巧。

高光和阴影

　　高光指的是物体中最明亮的部分。彩妆里的高光指的是在基础底妆结束后用比肤色亮一些的产品涂抹在面部需要往外凸出的地方，使其看起来往外凸显。在不断反复的化妆过程中，很多人将高光和阴影绑在一起同时进行，事实上这是不正确的。如果是初学者，只通过高光产品达到修容的作用也是非常不错的，因为阴影产品大部分颜色都比较暗，一旦画错很难修改，再加上容易晕妆，会带来"用了还不如不用"的不良效果。

挑选合适的高光产品

虽然各公司的产品名称略有些不同，但大部分都是用高光或是亮肤等跟"光"或是"亮"相关联的名字出品。几年前高光产品的重心放在了含有强光粒子上，使各个需要涂抹的部位显现强效闪耀效果。在这种流行趋势下，含有很多珠光粒子的产品如雨后春笋般不断上市。最近的高光趋势则跟以前有些不同，很多产品的重心更偏向能够焕发肌肤自然光泽的隐隐珠光，也就是产品中含有少量的珠光粒子或是干脆去掉珠光粒子，在颜色比较亮的粉里添加高光，在相应部位涂抹产品时，让肤色提高一到两个亮度，最大化地塑造自然感觉。为了保证高光涂抹在正确的位置后两侧能够对称，使用高质量的高光专用刷会更好一些（参照第4页）。现在市场上出售的高光产品种类繁多，有液态的、胶棒状的、粉状的……但人人都可以驾驭的当属粉状的产品。我想要给大家推荐的高光产品已为大家一一罗列，请参考。

请这样选择

一般的肌肤或是肤色比较亮的肌肤

－选择含有非常微小的珠光粒子，散发隐隐光泽的高光产品。

－选择没有珠光的粉粒子比较好，能够完善肌肤肤色的亮粉色或是薰衣草色的高光粉。

产品推荐

伊蒂之屋－面部提亮修容粉 | VDL－提亮粉 | 娇兰－幻彩流星蜜粉饼

偏暗的肤色

－选择含有珠光的蜜桃粉或是橙色系高光产品。

产品推荐

思亲肤－彩虹粉饼 4号

请避开这样的产品

－蛋白石（猫眼石）的珠光粒子太大，看起来就像是贴了闪光点一样。

－粒子太细，在肌肤上涂抹得太均匀，容易看起来很白。

绝密小窍门

肌肤非常干燥或是对粉比较敏感的人可以选用液体或是胶棒状的高光产品。用化妆刷的刷毛尖在需要遮瑕的地方沿着肌肤纹理轻轻涂抹后，用化妆刷扁平面略微用力拍打，去掉留下的纹路。需要注意的是液体和棒状的高光产品所含的珠光会比粉状的高光产品多一些，自然也就容易过于闪亮，所以使用时要注意调节好用量。

高光的基本涂抹方法

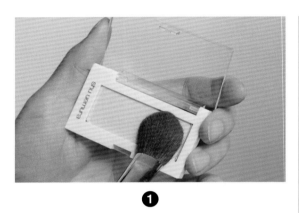

❶

用高光刷 B 一侧的扁平侧面蘸取高光粉 A，整个刷毛面都要沾上。

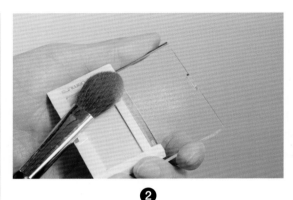

❷

稍微抖一下高光刷 B，抖掉多余的高光粉 A。

❸

高光刷 B 的扁平侧面轻轻放在需要涂抹高光的部位上，让高光粉落在肌肤上。

❹

用化妆刷的裁剪面由内向外，类似于射线形式，近距离地在涂抹高光粉的地方移动，扫掉不需要的高光粉，自然绵延开分界线。

高光的基本范围

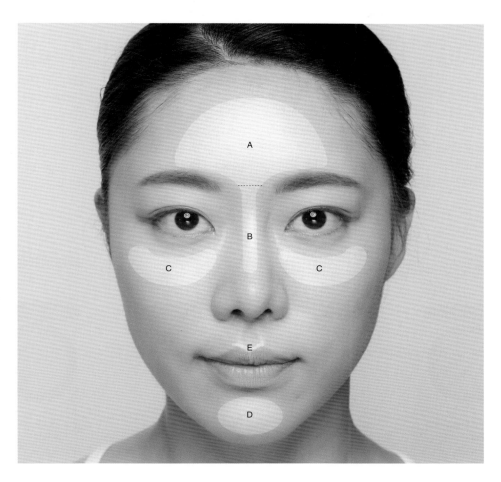

　　我们现在所讲的需要打高光的地方都是在一般的基准上确定的部位，并不是每个人的这些部位都要打上高光。高光的目的是看你的轮廓需要改善到什么程度。例如：自己的额头已经非常漂亮了，也向外隆起，就没必要再打上高光。所有的东西都是过犹不及，一定要记住这一点。

　　A. 额头和眉宇间 - 因为是从额头和眉宇间去掉发际线的部分，所以会因每个人脸型的不同，多少有些差异。一般从眉宇间沿着眉毛上方往上走，左右两边的眉毛各一半的位置开始画一个半圆，就是最合适的范围。

　　B. 鼻梁 - 想象着在鼻梁上放一根粉笔的样子，在这个部位上打上高光就可以了。如果鼻子稍微有些歪斜也不要沿着歪斜的方向走，仍然按照一字形打上高光。鼻子过短可以打到鼻子尖；过长可以打到鼻孔凹进去的支点位置；连接鼻子和眉宇间的地方如果非常下垂可以只在眉宇间和眼角的三角支点的地方打上高光；如果是鹰钩鼻子，可以避开向外凸出的部分，只在上下部位打上高光就可以了。

　　C. 苹果区 - 微笑时从两颊里向外凸出来的部位。

　　D. 前侧下巴 - 从正面看面部时向外凸出来的部位。因为这个部位相对较小，可以横向画一个稍长点的椭圆形，然后滚动刷子绵延开分界线。

　　E. 唇线 - 这个部位是涂抹高光比较少的部位，所以可以在涂完其他部位后，用剩下的量涂抹在这里。从唇线开始向左右轻轻扫动就可以画出它的立体感。

阴影

通常鸡蛋脸形是我们觉得比较漂亮、理想的脸形，不过现实中几乎没有非常完美的鸡蛋脸形。不是颧骨向外凸出，就是额头太过于扁平，脸形看起来比较长，或是下巴呈四角形，总有那么一点缺陷或不足的地方。彩妆里的阴影是在结束基础底妆后，进入彩妆阶段用到的一种修容手法。具体做法是用比面部肤色暗的产品，涂在相关的部位，也就是涂在自己的面部中应该要稍微往里凹进去的地方，让相关部位缩小或是看起来像凹进去一样，诱导眼睛产生错视。总之，把它当成塑造自己鸡蛋形轮廓的步骤就行了。

选择适合自己的阴影产品

因为每个阴影部位的"影子"的浓度不一样，所以阴影产品不要只备一种颜色，最好是备有偏亮色和偏暗色两种产品。例如：鼻翼上需要相对偏亮一点的阴影，而发际线周围要用略微暗一些的阴影，颧骨部位则选用中间色调的阴影效果会更好。如果备有暗色和亮色两种颜色的阴影，可以将两种颜色混合在一起，调配出中间颜色的阴影，非常便利。建议购买两种颜色的阴影合在一起的产品，或是在已有的产品中挑选出最暗的颜色和最亮的颜色来搭配使用。

偏亮的肤色 >	一般的肤色 >	偏暗的肤色 >

魅可 – 柔光矿质修容饼
微亮

悦诗风吟 – 双色眼影
3号

魅可 – 柔光矿质修容饼
浅褐色

魅可 – 柔光矿质修容饼
深褐色

阴影的基本范围

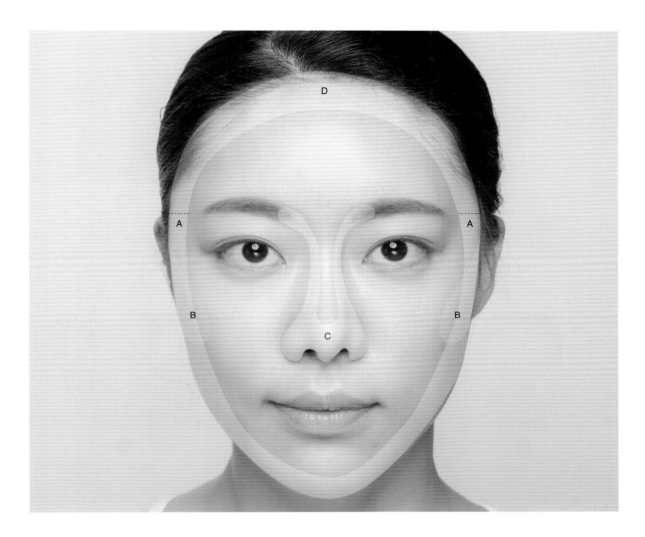

A. U 形曲线
B. 侧面颧骨
C. 鼻翼
D. 发际线

各个部位的阴影涂抹法

工具清单

A. 阴影
悦诗风吟 – 双色眼影 3 号

B. 阴影刷
毕加索 – 602

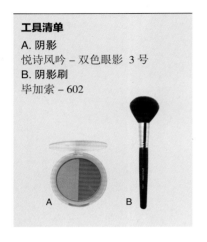

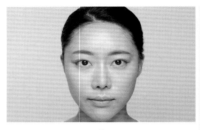

❶

U 形曲线是从两侧太阳穴开始到连接下巴位置的面部轮廓线。简单来说就是面部最边缘的位置都属于发际线和 U 形曲线。

❷

用阴影刷 B 的刷毛尖部分均匀地转一下，稍微用力地用化妆刷的整个扁平宽面扫一下亮色和暗色两种阴影。

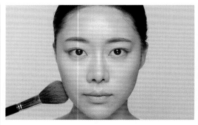

❸

从正面方向看镜中的面部，以下巴为中心将面部分成两半，然后一半一半地涂抹阴影。

❹

要完全放松手腕的力量后握住阴影刷 B。因为阴影的刷毛比较丰富，涂抹的面比较宽，所以手上稍微用力也会让涂抹过的地方变花。阴影刷扫过面部时，不要按压阴影刷，按照刷子原来的形状涂抹。

❺

耳朵下方有一块连接面部和颈部的地方，用手摸一下你会感觉到它是凹进去的。将化妆刷的毛尖部分放在这里，轻轻扫动到下巴为止。

❻

阴影用化妆刷比较大，移动到下巴后阴影刷的刷毛会遮盖住三分之一的下巴。这时要确认一下阴影刷的位置，下巴比较长的人可以覆盖下巴的一半。

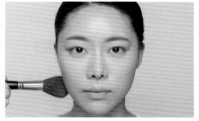

❼

如果已经到了下巴，那么动作不要停下来，继续从这里开始，用化妆刷往上扫。需要注意的是大部分阴影产品的颜色都比较深、比较暗，容易造成晕妆现象或是弄花妆容。轻轻地反复进行 3~4 次。

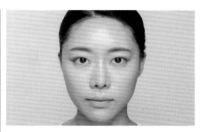

❽

另一侧在涂阴影之前，先确认一下填充的阴影的量是否合适。比较两侧下巴最突出、最有棱角的部分，就很容易看出变化。

❾

如果感觉阴影涂抹得不够多，可以再用化妆刷蘸取同样的量，反复涂抹 5~7 次。初学者如果一开始没有感觉的话，可以反复涂抹 3 次。另一侧也以相同的方法反复做。

U 形曲线

工具清单

A. 阴影
AIRTAUM – 眼影 89 号　褐色石头
B. 阴影刷
毕加索 – 725

想要打造出色的头皮遮瑕效果，就要另外使用专用的头皮遮瑕刷。在发际线用颜色比较深的阴影涂在头发空缺处，涂在容易让面部看起来比较涣散的部位，像种发一样填充，可以让面部曲线看起来更漂亮，更高贵。头皮遮瑕的重点是，越是到了额头附近越要打造自然的渐变晕染效果。这样能够带来一种错视现象，让毛发看起来像真实长出来一样美丽动人。

工具清单

A. 阴影
悦诗风吟 – 双色眼影 3 号
B. 阴影刷
毕加索 – 602

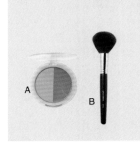

❶

用阴影刷B的刷毛尖均匀地在含有亮色和暗色阴影的产品 A 上滚动一下，让阴影刷的整个扁平宽面的末梢一次蘸取足够量的产品。这种方法能让两种颜色混合在一起，调成中间颜色，不需要再把多余的量抖掉，就能够让化妆刷上沾满合适的用量。

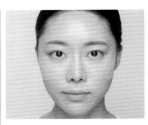

❷

查看自己的侧面颧骨如何向外突出。大部分都是顺着络腮胡子的部分向外突出（黄色部分），这里我们需要打一些阴影。

❸

因为阴影不能进入面部的内侧，所以首先要用你的眼睛锁定出需要涂抹阴影的部分。如图所示，头发像一个反方向的"3"一样突出生长的部分，到长有八字纹和下巴相交部分的外侧为止。这里的涂抹范围跟涂抹粉底的范围是一样的，所以大家可以参考第 35 页的内容。

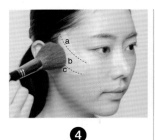

❹

以侧面颧骨最高位置为中心，分成三份（a，b，c 范围）之后，用阴影刷毛尖用力点一下最向外突出的 b 的范围，大概就是会长络腮胡子的地方。

❺

需要注意的是不要脱离刚才锁定的范围，用阴影刷由外向内扫三次。

❻

用化妆刷 B 上剩余的阴影粉在范围 a 处扫一次。

❼

最后在 c 部分上再扫一次。这样分成三个部分涂抹阴影不会弄花妆容，而且还能达到自然渐变的晕染效果，让面部轮廓看起来更富有立体感。

工具清单

A. 阴影
悦诗风吟 – 双色眼影 3 号

B. 阴影刷
毕加索 – 201A

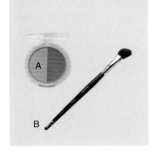

❶

首先我们要画一下眉毛。沿着鼻翼涂抹阴影时，一定要先画好眉毛再开始，这样才能调节好阴影的浓度。

❷

用阴影刷 B 的刷毛尖滚动均匀蘸取比面部曲线亮的阴影 A。之后化妆刷抖三次。因为要最大化地让鼻子的阴影显得非常自然，所以一定要调节好产品用量。

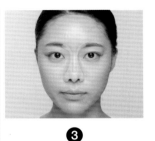

❸

在正面看镜子的状态下提前用眼睛锁定鼻翼上需要涂抹阴影的范围。一般最适合的范围是从眉毛的眉头开始到鼻孔开始的地方，连接起来的三角区和鼻尖的小 U 型曲线。

❹

你可以想象一下在鼻梁上放一支粉笔的感觉，从眉毛的眉头开始沿着鼻翼用化妆刷扫一下。但是一定要注意的是图中用"X"标志的地方一定不能动，涂抹的时候要避开这个地方。

❺

用阴影刷在刚才涂抹过阴影的地方从鼻翼开始向着脸颊的方向轻轻扫动，绵延开层叠的界限感。

❻

用阴影刷 B 在鼻尖的小 U 形曲线上填充阴影。

❼

如果涂抹过的地方有比较不自然的分界感，可以用阴影刷的毛尖轻轻扫开。

用"修容术"遮盖让你感觉不自信的地方

眉宇上方额头呈一字下垂的情况

1. 在浴室的灯光下方观察一下自己的额头。如果额头像线条一样下垂，就需要稍加完善，用眼睛锁定下垂的地方里特别暗的部分。
2. 用化妆刷蘸取含有珠光微粒的粉质产品。
3. 就像滚线条一样在额头上下垂的部位填充高光产品。因为要利用光的反射效果，让下垂的地方光感更强烈，所以一定要使用含有珠光微粒的产品。

眉毛到连接额头的部分凹陷的情况

1. 在浴室的灯光下方观察一下自己的额头。会看到从眉头开始连接到额头有点曲折凹陷的地方。下垂就会有影子，有影子肤色就会显得偏暗。
2. 用化妆刷蘸取含有珠光微粒的粉质产品。
3. 用化妆刷的刷毛尖在有阴影的部分轻轻扫一扫，利用光的反射，让这部分看起来向外凸出。

眼睛下方凹陷，或是看来比较暗的情况

一般的暗沉都可以用高光产品轻扫解决掉。而肤色比较暗或是黑眼圈这类的暗色，则要另当别论。这时若用高光产品，只会让涂抹过的地方看起来圆鼓鼓的。最好的方法是用阴影或者腮红来遮盖。

太阳穴凹陷的情况

太阳穴凹陷多是因为太阳穴上的肉被减掉了或是咀嚼肌变弱等后天因素造成的。在相关部位涂抹上含有珠光微粒的粉，能够在一定程度上起到修容的作用。

鼻尖上翘的情况

在整个鼻梁和两侧鼻孔中间的肌肤上填充高光产品。

颧骨下方呈 W 形状态下垂的情况

拉长的脸颊肉和八字纹相连接，像英文字母 W 一样在面部形成阴影的情况，可以在八字纹凹陷后变暗的部位和从颧骨开始到嘴角像连接英文字母 W 一样，填上高光产品。

八字纹比较深的情况

1. 在正面看向镜子的状态下认真观察一下自己八字纹的样子。从脸颊开始到嘴部有曲折，并有凹陷的地方需要遮盖一下。
2. 用化妆刷蘸取含有珠光微粒的粉质产品。
3. 用化妆刷毛尖在有凹陷较暗的部位轻轻点一下。
4. 用化妆刷在有凹陷的部位扫一扫。

嘴角两侧下垂的情况

嘴角两侧下垂形成阴影的情况，可以用化妆刷毛尖蘸取高光产品从唇线上开始，到下巴下方部位，画一个半指节大小的射线进行遮盖。

侧面颧骨下方下垂严重的情况

1. 像这种情况就需要填充阴影，让侧面颧骨看起来往里凹。在正下方下垂的脸颊上打上高光，完善这两处感觉不自信的地方。如果比较善用修容法，无所谓顺序的问题。但如果是初学者则最好是先涂抹高光产品。请用化妆刷蘸取含有珠光微粒的粉质产品。
2. 在正面看向镜子的状态下避开侧面下垂的部位。
3. 化妆刷放在侧面颧骨正下方下垂的部分上，向着嘴角方向轻轻扫动。在下垂有影子的部位上正确地用高光遮盖修整。

鼻尖没有上翘但鼻梁比较短的情况

除了要打高光的部位之外，在整个鼻翼上大范围地塑造阴影效果。

四角下巴的情况

1. 在 U 型线上填充基本色调的阴影。
2. 用化妆刷蘸取中间颜色的阴影产品轻轻覆盖一下。
3. 化妆刷放在下巴最突出的部位上，轻轻地扫一次。扫两次会让颜色看起来比较浓，显得不自然。

眉毛上方露肉的情况

如果眉毛比较粗比较浓，修整过眉毛后的地方的肌肤就会显得特别白，比较突出。这时候需要用裸色的阴影涂抹。捏住化妆刷，手不要用力，只在需要遮盖的地方轻轻涂开。

想要塑造窄而修长的面部的情况

1. 在苹果区开始到连接太阳穴的这个部位填上一些高光产品。这样就可以诱导错视现象，高光部位越窄面部就会看起来越窄。
2. 可以参考 U 形曲线阴影法，在前侧下巴下方的一半大小上填充阴影。这个方法比较想推荐给那些面部曲线看起来不是很长，但想要打造出童颜娇容的人。

眼窝凹陷比较深的情况

亚洲人的眼窝大部分都偏厚，几乎不会出现这种情况。如果觉得眼窝深陷，可以涂一些粒子不是太微小，比较自然的高光产品，将刷毛尖放在眼窝凹陷的地方，轻轻扫一扫。

想要让大宽脸变成小窄脸的情况

1. 从眉毛开始向额头方向走，在最边缘处涂抹阴影。长度就像从眉毛到鼻尖垂直相连的垂直线，或是从鼻尖到下巴尖的竖直线。
2. 可参考 U 形曲线阴影，在下巴一半的地方涂上阴影。这个方法比较想推荐给那些面部曲线看起来不是很长，但想要打造出童颜娇容的人。

鼻子比较长的情况

1. 从鼻孔开始到支点为止都要打上高光。
2. 高光结束的点和整个鼻孔上都打上阴影。鼻孔上稍微涂得浓一点，塑造深层阴影感。鼻尖如果有光会让面部看起来比较长，所以一定要做好控油措施。

鼻梁中间比较窄的情况

1. 只在眉头到眼角的部分填充一些阴影，鼻翼整体不要涂抹。
2. 沿着鼻尖的小 U 形曲线，用刷毛尖打点阴影。
3. 用化妆刷毛尖轻轻舒展开界限。
4. 如果鼻孔过宽，可以将阴影产品打在整个鼻孔上。

第五章
眼妆

化妆工具

EYE（眼部）

AIRTAUM – 裸光眼影 17号

衰败城市 – 三代裸妆眼影盘（闪亮古铜粉红色、闪亮浅粉红、闪亮淡紫色）

EYE LINE（眼线）

植村秀 – 手绘眼线笔 褐色

妙巴黎 – 亮亮眼线笔 52号不锈棕色

FACE（面部）

玫珂菲 – 紧致粉底液 10号

菲诗小铺 – 高光粉 01号

AIRTAUM – 遮瑕膏

菲诗小铺 – 四色眼影 04号

眉毛

　　眉毛可以根据脸形变化出多种眉形。不过想要客观地判断出自己的脸形好像不那么容易。我推荐这种方法给大家：与其花费心思想去找适合自己脸形的眉形，不如稍加整理把自己的眉峰塑造得更饱满，打造接近一字形的基本眉形，然后再慢慢地调整，找到适合自己脸形的眉毛。

一字眉的基本眉形

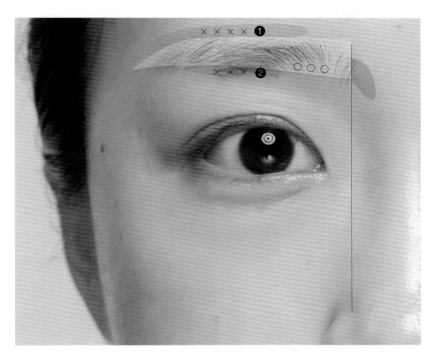

· 虽然眉毛的形状多种多样，但大多数都是从眼角的鼻梁开始长眉毛（图中红色的部分）。如果眉头不是太高影响不大；如果眉毛整体上扬，从鼻梁开始的毛就会和眉毛相连起来，让眉毛看起来更加上扬。因此在画一字眉时需要用镊子干干净净地清除掉从鼻梁开始的不需要的小汗毛。

· 从鼻孔开始的部位画一条竖直线，眉头从与直线相交的地方开始的眉形是最无可挑剔的。有棱角会显得不自然，所以要将前边部分修整成比较柔和的曲线。

· 为了画出基本的一字眉，首先需要掌握哪一部分应该用眉笔画出来，哪一部分应该用镊子或是眉刀去掉。用眉妆产品画眉毛时填充眉头比较空的地方（黄色标注范围），要最大化地收拢眉尾下面眉毛较空的地方，画出眉尖之后再填补一下就接近一字眉形了。

· 眉峰比较高容易给人很强势的感觉，不符合最近的流行趋势，因此，要最大限度地"削平"眉峰（图片中❶号的蓝色部分）。

· 虽然现在流行一字眉，不过还是有些不适合画

一字形眉毛的人。这种情况可以选择将眉峰下方（图片中❷号蓝色部分）画成拱形。

· 如果眉尾相对眉头过于向下垂，可以用镊子将这部分的眉毛拔掉，或使用眉刀将其刮掉。

· 世界上很难找到两侧面部完美对称的脸形，大部分人两侧眉毛的样子都不一样，因此以眉形最漂亮的一侧为基准，画出两侧一样的眉形更简便。

产品推荐

阴影 得鲜 – 双色眉粉套装 1号自然褐色 | HEAVY ROTATION（日本彩妆品牌）– 阴影粉 | 珂莱欧 – 眉笔 43 号 /44 号

眉笔 植村秀 – 砍刀眉笔 深棕色 | 雅蔻 – 眉形设计师眉笔 7 号 | DOLLY WINK（日本彩妆品牌）– 眉笔

染眉膏 珂莱欧 – 双头染眉膏 02 号浅棕色 | 伊蒂之屋 – 清纯谎言染眉膏 2 号亮褐色

工具清单

A. 眉粉
得鲜 – 眉粉 1 号自然褐色

B. 射线刷
思亲肤 – 眉笔刷

C. 螺旋刷
毕加索 – 402

D. 镊子
微之魅

E. 眉刀

F. 眉笔
植村秀 – 砍刀眉笔 褐色

G. 眉剪
毕加索 – 眉剪

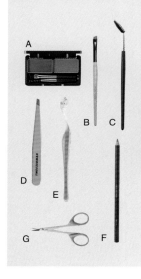

❶

为了画出基本的一字眉，首先需要掌握哪一部分应该用眉笔填满，哪一部分应该用镊子或眉刀去掉。图片中蓝色的部分是需要去掉的，黄色的范围则需要填充一下，这样是不是很接近一字眉形了呢？

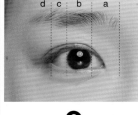

❷

在正面看向镜子的状态下，以瞳孔为基准，前边分成 a、b 两等份，后边的眼尾部分为 d，剩下的部分为 c，这样将眉毛分成四份。大部分人的眼角在 a、b 区域，眉峰在 c 区域，而眼尾在 d 区域。

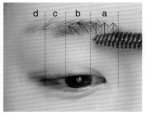

❸

用螺旋刷 C 将 a 区的眉毛自下往上梳理，b 区的眉毛自下而上曲线式梳理，也就是按照眉毛生长的方向梳理。

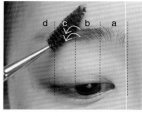

❹

用螺旋刷 C 沿着眉峰，从 c 区的前面往后梳理。

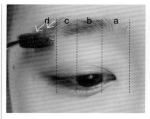

❺

用螺旋刷自上而下在 d 区略微呈射线状梳理眉毛。

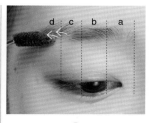

❻

用螺旋刷 C 在 d 区的下方，向上按照射线方向梳理眉毛。将步骤 5 里梳理下来的眉尾，收拢成比较细的状态。

❼

眼角鼻梁部分如果长有汗毛，可以用镊子沿着汗毛的方向拔掉，最大化地减少眉毛的棱角。要是使用修眉刀，就要从眉头开始沿着鼻梁轻轻推刮。

❽

为了让眉毛整体看起来比较接近一字形，用镊子拔一下眉峰，因为用修眉刀容易将眉峰刮掉，所以一定用镊子小心翼翼地一点点拔掉。

❾

接下来就要整理眉毛的下方了。用镊子拔掉一字形眉外比较粗的眉毛。

❿

用射线刷 B 在竖直状态下蘸取跟自己眉毛颜色相近的眉粉 A。

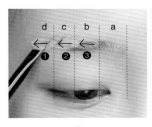

⑪

将射线刷放在 d 区的空缺部分上，自后往前一点点移动，将眉粉涂抹在眉毛比较零星的空缺部分，这样越是到了前面颜色就越淡，显得比较自然。箭头移动的方向就是射线刷移动的方向。

⑫

图中是填上了眉粉 A 的样子。就像我们前面所说的一样，眉毛的边缘是不需要填充的，只填充眉毛里面空缺的部分即可。

⑬

瞳孔往前的眼角部分也是眼白开始的地方（红色线标注的地方），涂抹眉粉的方法是不一样的。先稍微停一下，确认一下眼角（图中的圆形区域）眉毛的生长方向。我们画眉毛的时候是自下往上稍微偏射线的方式往后画，注意图中虚线里的眉毛生长方向。

⑭

首先将射线刷 B 放在图片中标注的眉头下方（图中❶的部分），由前往后画直线，填充空缺的地方，眉头剩下的部分（图中❷的部分）可以按照图中箭头标注的方向，沿着眉毛生长方向，以画半圆的方法滚动刷子，填充颜色。

⑮

现在需要填一下眉毛的大框，因为是从后面往前涂抹眉粉，所以越是往前就越要减少眉粉的用量，这样才不会让眉头显得特别浓，看起来不自然。

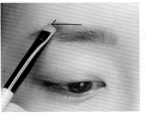

⑯

还记得我们前面讲到的 a、b、c、d 的范围吗？现在用射线刷 B 从 a 开始涂抹到 c，用眉粉画过的部分和原有眉毛的部分合起来的浓密度，要跟 b 范围里的浓密度一样才行，这样才会显得自然美丽。即使相关范围里没有眉毛，也不要管，直接画上就可以。用眉粉填充眉毛间空缺部分，是画一字形眉的重要步骤。

⑰

眼尾所在的 d 范围虽然也可以画成一字，但也有很多不适合这样画的人。这时可以沿着梳理好的比较平滑的眉峰，用射线刷 B 以曲线的形式画出比较圆滑、略倾斜的眉形。

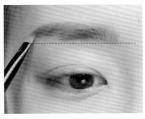

⑱

射线刷 B 越过眉峰，向着眉尾走时要开始折下来，也就是要往下走 1.5 厘米左右。需要注意眉尾部分不能低于眉头部分。

绝密小窍门

面部曲线比较接近男性的人，从瞳孔和眼白结束的中间部分开始眉尾往下走的话，会看起来更女性化一点。

⑲

用眉粉A填充c部分下面空缺的地方。即便这里没有眉毛，也都用眉粉填充好，这样涂过后就会更接近一字形眉毛了。

⑳

用眉粉A填充a、b范围下面的空缺之处。

㉑

用射线刷B再次蘸取眉粉A，画出d范围里的眉尾，这样画完之后一字眉就已经基本成型了。

㉒

手不要用力，握住螺旋刷C在整个眉毛再刷一遍。

㉓

画完基本眉形后，用镊子拔掉向外突出的眉毛。

㉔

眉尾的妆是比较容易去掉的，因此要用眉笔F再画一下锁定形状。方法是从尾部上方向下，下方向上收拢眉毛似地画一下。检查下若还有眉毛空缺的部分，再填补一下。

㉕

以眉笔画眉毛相同的方法，用螺旋刷C再梳理一下眉尾。

㉖

如果你画眉毛不太熟练，就容易画得非常浓，看起来不自然。这时可以用螺旋刷C沿着眉毛边缘，向眉毛里面轻轻梳理一下，螺旋刷就会发挥它橡皮擦的作用，适当地调节眉毛颜色的深浅。画得有些花的地方也可以用这种方法整理。

㉗

画完后眉毛边缘如果还有突出来的眉毛，可以用睫毛剪 G 或是修眉刀等修剪掉。众所周知，一定不能在眉毛被眉刷刷毛或是螺旋刷按压的状态下修剪。亚洲人的眉毛大部分都是浮起来的，按压后再修剪眉毛，容易让眉毛变得参差不齐。

㉘

用眉毛剪修剪掉眉毛边缘向外突出来的眉毛。一次不要剪太多，就像一次剪一根的感觉，边仔细察看自己的眉毛形状边进行修剪。

㉙

整理过眉毛后，发现剪掉的眉毛贴在了上眼皮上，或是贴在了眉毛里面，这时可以用螺旋刷 C 从前边开始轻轻向后梳理，这样既不会动到底妆，而且还能非常干净地清掉修剪过的眉毛。

㉚

用螺旋刷 C 再次梳理一下整体的眉毛，等五秒钟后还会有眉毛浮起来。反复用 27~29 的步骤进行整理，直到满意为止。

绝密小窍门

如果眉毛粗厚，数量比较多，可以涂一些染眉膏，让眉色看起来更暖、更亮一些，效果会更好。

眼影

　　眼影的颜色丰富多彩，拓宽了眼妆的范围，让眼妆变得多姿多彩。不过如果不是专业的化妆师或是随时要更换妆容的演艺明星，一般我们不需要很多种颜色的眼影。只要备有几种基本颜色就能充分地打造出自然裸妆甚至是烟熏妆。基本颜色的眼影备齐了之后，在实践中逐渐提高技能，等技术达到一定程度就可以循序渐进地增加适合自己的颜色了。

眼妆必备眼影

※ 各项目里介绍的眼影的颜色是基本必备的。
※ 各项目里所介绍的产品，可以根据自己的喜好挑选一个。

基础眼影 1

没有珠光的驼粉色或浅驼色眼影
- 悦诗风吟 – 矿物质单色眼影 22 号
- 珂莱欧 – 单个眼影 42 号裸色
- 菲诗小铺 – 单个眼影 亚光冰淇淋粉色
- 伊蒂之屋 – 下午茶单色眼影 舞动的极光、蜜桃拿铁
- MIKA（台湾化妆品牌）– 单色眼影 风干的桃花瓣
- 玫珂菲 – 眼影 I520 号
- 芭比波朗 – 微绚眼影 甜心粉

驼粉色
（无光）

基础眼影 2

比裸色再浓一些的无光深驼色眼影
- 悦诗风吟 – 矿物质单色眼影 姜黄色
- 魅可 – 单个眼影 荞麦色
- 玫珂菲 – 眼影 M648 号
- 自然乐园 – 单色眼影 驼黄色
- 珂莱欧 – 单个眼影 M43 号

驼色
（无光）

中性眼影

含有隐隐珠光的金褐色或桃棕色中性眼影
- 伊蒂之屋 – 下午茶单色眼影 摩卡咖啡
- 魅可 – 单个眼影 古铜色
- 玫珂菲 – 眼影 S642 号

金褐色或桃棕色
（有光）

重点眼影 1

比基础眼影 2 再深一些的珠光褐色或深灰色眼影
- 伊蒂之屋 – 下午茶单色眼影 业余咖啡师
- 魔法森林 – 单色眼影 S12 号
- 魅可 – 单色眼影 黑巧克力、深灰色、黄金棕

深褐色
（有光）

重点眼影 2

没有珠光的深褐色重点眼影
- 伊蒂之屋 – 下午茶单色眼影 巧克力拿铁
- 珂莱欧 – 单色眼影 M44 号
- 芭妮兰蔻 – 单色眼影 BR01 号
- 魅可 – 单色眼影 柔和灰棕色

深褐色
（无光）

基础眼影和高光

珠光裸色及高光兼用眼影
- 伊蒂之屋 – 下午茶单色眼影 香香泡泡浴
- 阿玛尼 – 眼影液 11 号
- 芭比波朗 – 单色眼影 香槟色
- 魅可 – 单色眼影 追忆往昔、金光闪闪、隐隐微光

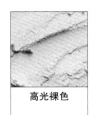

高光裸色

工具清单

A. 不含珠光的驼粉色眼影
悦诗风吟 – 矿物质单色眼影 22 号
B. 晕色刷
魅可 – 217
C. 重点刷
魅可 – 239
D. 不含珠光的乳白色眼影
伊蒂之屋 – 下午茶单色眼影 蜂蜜牛奶

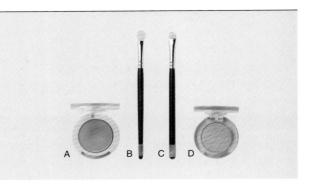

❶

晕色刷 B 竖立在驼粉色眼影 A 上，用刷毛尖轻轻地点3次，需要注意: 蘸取的量过多容易造成晕妆现象。手握化妆刷的力度太大，或让化妆刷平面弯曲，会蘸取太多的量，所以一定要调节好力度，而且不要弄弯化妆刷刷毛。

❷

在看向镜子正面的状态下，用手摸一下自己的上眼皮。在眉毛下方，手会摸到一块比较硬的骨头 a、被称为眼堂的凹进去的部分 b、上眼皮有点类似于半圆弧形的部分 c、眉毛连接鼻子的地方 d 和下面凹进去的 e。在 b、c 的范围都涂抹裸色眼影。a 和 e 是要打高光的部分。

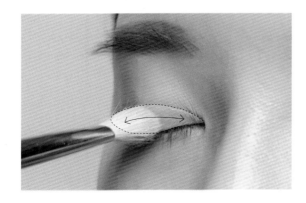

❸

将沾有眼影 A 的晕色刷 B 的刷毛尖放在双眼皮的线上，从眼角开始到眼尾为止来回涂抹 3~4 次。如果是单眼皮可以锁定跟双眼皮一样的厚度后以相同的方法涂抹眼影 A。

④

　　放松握住晕色刷的手，用晕色刷 B 上剩下的眼影，从步骤 3 里涂抹的部分开始往上涂，涂抹整个眼窝。涂抹时稍微让刷毛面平躺，之后用刷毛侧面以"之"字形方式涂抹除 a、d、e 外的眉毛的下方部分，注意越是到了接近眉毛的地方晕色刷的力度越要轻一点，让眼影 A 自然轻柔地贴合在肌肤上。眼睛和眉毛若离得较远可以只涂抹在 b 上。

⑤

　　接下来就要画着重线了。以同样的方法用重点刷 C 的刷毛尖轻轻蘸取奶茶色眼影 D，涂抹着重线的合适范围是刷毛尖厚度的两倍，涂抹时注意不要超过这个范围。

⑥

　　用重点刷 C 蘸取奶茶色眼影 D，从眼角的眼白开始涂抹到眼白结束的点为止。涂抹眼影的厚度大约是卧蚕的一半或三分之二左右，超过了这个范围就会看起来有点过度，需要注意这一点。

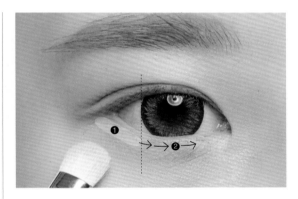

⑦

　　再次用重点刷 C 蘸取 3 次眼影 A 之后，以步骤 6 里相同的厚度涂抹图中 1 的范围，结束后重点刷 C 就像轻轻扫一下一样从后面往前移动，涂抹到图中 2 的范围为止。这样就会和步骤 6 里涂抹的范围以及眼影 A 和 D 自然连接在一起。

⑧

　　如果感觉 A 和 D 涂抹后有比较不自然的界限感，可以将重点刷 C 轻轻垂立来回涂抹使其自然连接在一起。

工具清单

A. 不含珠光的褐色眼影
菲诗小铺 – 单个眼影　2 号珠光
B. 重点刷
毕加索 – 711

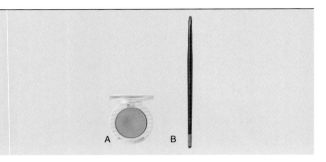

❶

这是基本眼线去掉眼尾的状态。现在需要填充眼尾下眼线的重点区域了，这里通常也被叫作三角区。因为每个人眼睛的样子都不一样，所以也有可能不是三角形，如果无条件地当作三角形来填充，容易看起来不自然。

❷

重点刷 B 竖立后轻轻蘸取 3 次褐色眼影 A，注意不能压弯化妆刷刷毛！

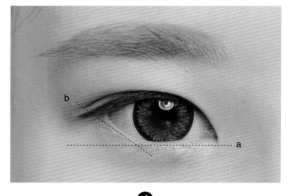

❸

接下来就要锁定正确的着重线范围。从眼角开始，一直到眼尾后面画一条水平线 a。

❹

这次以眼尾为起始点，到瞳孔结束的地方为终点画一条直线 b。

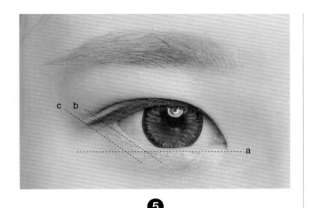

❺

从眼线结束的点开始，跟刚才画好的直线 b 平行再画一条直线 c。

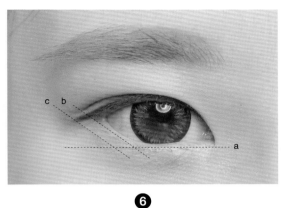

❻

a、b、c 相交的黄色部分就是要画着重线的大略位置。

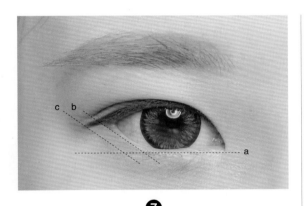

❼

在黄色范围的下方稍微圆圆地滚动一下（草绿色范围），这个部分就是正确的着重线的范围。

❽

正确锁定好范围后，用沾有眼影的重点刷 B 的刷毛尖在眼尾的结束点（红点）插入式地推抹。

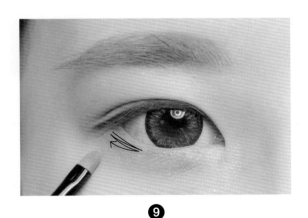

❾

注意不要脱离提前锁定好的范围，窄窄地以"之"字形的方式移动，使其自然晕染开。

眼线

现在市场上出售的眼线产品多种多样，有凝胶型、铅笔型、液体型等，大家大概都苦恼过该用哪种类型的眼线产品。虽然只备有一种眼线产品也可以化眼妆，不过我比较推荐准备三种类型的眼线产品，根据不同的状况混合使用。现在的产品比较多样化，价位的选择空间也比较大，选择适合自己的眼线产品并不是一件难事。

眼线必备工具

※ 各项目里所介绍的产品都可以作为基本必备项。

※ 各项目里所介绍的产品，可以根据自己的喜好，挑选一个。

※ 虽然备有一只黑色的眼线笔会更好，但最近的流行趋势是褐色，因此也可以只准备褐色眼线笔。

黑色眼线笔

· 乐玩美研 – 流线型眼线笔 黑色

· 玫珂菲 – 防水眼线笔

· 植村秀 – 如胶似漆眼线笔 黑色

· 魅可 – 持久防水眼线笔 纯润黑色

褐色眼线胶

· 魔法森林 – 明眸后台眼线膏 褐色

· 魅可 – 流线型深眼线胶 褐色

· 植村秀 – 手绘眼线笔 褐色

褐色眼线笔

· 乐玩美研 – 流线型眼线液 褐色

· 魅可 – 精彩烟熏眼线笔

· 植村秀 – 如胶似漆眼线笔 褐色

褐色眼线液

· 乐玩美研 – 24 小时防水眼线液 褐色

· 乐玩美研 – 防水眼线液 褐色

· 奇士美 – 极细眼线液 褐色

黑色眼线液

· 乐玩美研 – 流线型眼线液 深黑色

· 乐玩美研 – 24 小时防水眼线液 深黑色

· 魅可 – 时尚持久眼线液

用眼线胶画基本眼线

　　凝胶类型的眼线产品无论是从类型上还是表现的感觉上，都是介于眼线笔和眼线液之间的。用它画的眼线跟用眼线液画出来的感觉不一样，减少了人为感。而且它是使用化妆刷涂抹，所以能非常细腻地处理眼尾的着色，使用方便，非常适合每天的妆容。

工具清单

A. 眼线胶
魅可 – 流线型眼线胶 深褐色
B. 眼线刷
悦诗风吟 – 眼线胶用化妆刷

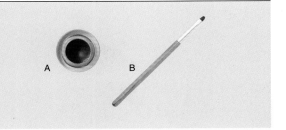

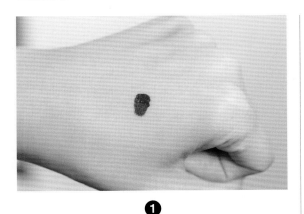

❶

用凝胶型专用化妆刷 B 蘸取眼线胶 A 后，点在手背上。

❷

眼线胶产品比较容易凝固，所以使用后一定要及时扣上盖子。

❸

用化妆刷刷毛的六分之一蘸取眼线胶 A，主要是刷毛尖的前后要均匀蘸取，然后在手背上轻轻按压化妆刷以便调节产品用量。

❹

以眼睛中间部分的睫毛空隙为起点，让刷毛插进睫毛里涂抹每个空隙，涂抹的时候要像盖章一样用力点，以相同的方法点满两侧睫毛空隙。用眼线胶画眼线的时候，要用点的方式，而不是画的方式，这样会更容易成功。

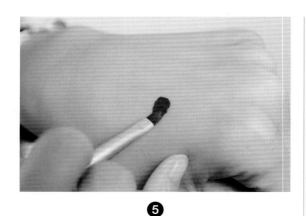

❺

再用眼线刷 B 蘸取眼线胶 A。

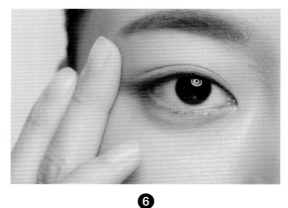

❻

在正面看向镜子的状态，用不握化妆刷的另一侧手的手指轻轻地拉一下上眼皮最后面的部分。如果感觉眼睛半眯更方便涂抹，也可以这样做。

❼

眼线刷 B 的刷毛和睫毛的角度大约呈 30 度，手握化妆刷，并最大限度地让刷毛尖贴在长有睫毛的部分，然后在睫毛根部的上方画出基本眼线。画眼线时要及时干脆地从睫毛上拿开眼线刷，这样不仅能够填满睫毛的空隙，还能防止睫毛上沾染眼线胶而导致的眼部周围晕染现象。

❽

用眼线胶 A 在从眼角开始到眼白结束的位置上画出眼线，但先不要急着画眼尾的部分。

9

画出来的眼线只有在眼睛睁开的状态下非常均匀，才会显得自然。因此以瞳孔上方画好的眼线（红点）为基准点，确认画出来的眼线是否一致。如果不一致，需要再用眼线胶 A 画一下眼角和眼尾不一致的部分，矫正一下。

10

接下来就要画眼尾了。用眼线刷 B 多蘸取一些眼线胶 A 之后，在正面看向镜子的状态下，轻轻拽一下眼尾的肌肤，以眼尾结束处往里凹陷的部分（黄点）为始点，横向画一条约 1 厘米的水平线。

11

看一下镜中的眼尾，并观察眼尾的周围，你会看到之前画好的基本眼线和画好的眼尾之间有一个空缺。

12

用眼线胶 A 再一次涂抹眼尾和基本眼线之间的空缺，让眼尾和基本眼线自然连接在一起。如果想再画一下眼尾部分，可以再稍微拽一下眼尾的肌肤之后画大约 1.5 厘米长的水平线，并以同样的方法填充空缺的地方。

用眼线液画基本眼线

　　液体类型的眼线产品适合画比较灵动的眼线。不过如果单独使用眼线液会让人为感显得特别强，再加上它是内置塑胶笔质刷头，如果技术不够娴熟，就很难画出比较均匀的眼线来。使用液体型的眼线产品很普遍的失误就是直接使用内置塑胶笔质刷头画眼线。我建议在使用眼线液产品时，使用刷毛扁平的化妆刷蘸取眼线液后画眼线，这样会更加便捷地画出美丽的眼线来。

工具清单

A. 眼线液
魅可 – 时尚持久眼线液
B. 眼线刷
毕加索 – Proof 14

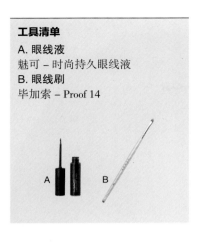

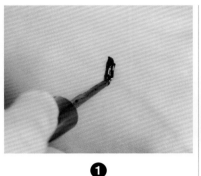

❶ 因为眼线液产品比较容易变干，所以需要充分练习后，在技术比较娴熟时再用它来画眼线。适量地蘸取液体型的眼线产品 A，涂在手背上。

❷ 像图中一样，用眼线刷 B 蘸取眼线液 A 后，用力按压刷毛，在手背上调节使用量。

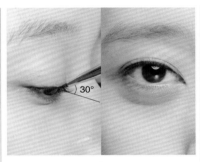

❸ 用眼线液填充睫毛的空隙部分。

❹ 调节眼线刷的刷毛和睫毛呈 30 度角，干脆地将眼线刷 B 贴在睫毛上，然后半眯眼睛，以同样的粗细从眼角开始到眼尾的眼白结束的地方为止，画出基本的眼线形状。

❺ 再用眼线刷 B 蘸取眼线液 A，在看向镜子正面的状态下，完全睁开眼睛再次在眼睛前后画一下眼线，画出更为一致的眼线模样。（请参考第 115 页内容）

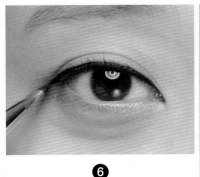

❻ 用眼线液在眼尾画一条约 1 厘米长的水平线。

❼ 不要再蘸取眼线液 A，用眼线刷上剩下的量再次晕染整个眼线，自然绵延开人为感较重的分界线。

用眼线笔画基本眼线

　　笔状类型的眼线产品能够表达出比较有深度、比较自然的眼睛，但因为铅笔型眼线产品晕染现象比较严重，所以很难画出比较尖细的眼尾，而且调节眼线厚度的要领比较难以掌握。如果用眼线笔画完眼线后，再稍微借助眼线液的力量，就能画出比较有深度、还不显沉闷的眼线。所以大家可以好好参考一下本章的讲解。

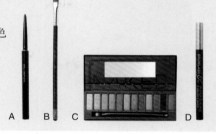

❶

在用眼线笔画眼线时，一开始不要填满睫毛的空隙。因为睫毛根部的力量比较强，眼线被碾压后容易晕染。

❷

用不握笔的手指轻轻拉一下眼尾部分的肌肉。

绝密小窍门

眼线笔的笔芯不需要削得非常尖锐，这样才能够表现出眼线笔的自然感，看起来最舒服。如果想要画得比较扁平，直接用眼线胶或是眼线液会更有效率。

❸

跟用化妆刷画眼线的方法一样，眼线笔需要跟睫毛呈 30 度的角，让眼睛保持微眯的状态，以相同的粗细从眼角开始到眼尾结束画出基本的眼线形状。注意这时候不要画眼尾，其理由过后会为大家说明。

❹

在正面看向镜子、眼睛全部睁开的状态下，观察一下眼线的形状和厚度，你会发现跟瞳孔上方的眼线比起来，眼尾和眼角的眼线看起来会比较细一些。这是因为大部分亚洲人眼皮的前后是向里卷的，因此需要适当地调节一下。以瞳孔上方画出的眼线为基准点（红色点），再画一下前后部分，增加眼线的厚度，矫正眼线形状。

❺

在看向正面的状态下，用不握化妆刷 A 的手反复几次轻拉眼尾肌肤，再放开，按照自己想要的角度画出眼尾，然后确认一下两侧眼线。画眼线时先稍微拉一下肌肤，让肌肤变得紧一些，这样在画时就不会出现细小的皱纹。使用眼线笔画眼尾时，不能过于上翘或是下垂，角度太过歪斜，会感觉有些土气，最好是画水平线，强调出不凡的感觉。

❻

画眼尾时，在眼尾结束的点上，让眼线笔 A 逐渐从肌肤上分离出来，眼线会变得越来越细，但不需要太过尖细。

❼

晕色刷要像图中一样竖立起来，然后用晕色刷的刷毛尖蘸取眼影 C。晕色刷刷毛的浓度和厚度可以根据自己想要的粗细选择。比起扁平小巧的刷毛，使用厚度在 1~1.5 毫米的晕色刷更容易使眼睛显得深邃。

❽

在前面步骤里画好的基本眼线上再涂抹一下 C。这时晕色刷 B 要像从前往后拖着一样移动，这样才不会让眼影粉出现飞粉现象，涂抹得更加均匀细腻。注意不要一次性地涂到眼尾，而是单独涂抹眼尾。

❾

　　晕色刷 B 放在眼尾结束的部分，用眼影 C 晕染一下。就像前面步骤中的一样，要让晕色刷逐渐离开肌肤，这样才能将眼尾画得比较尖细。

❿

　　将眼线液笔 D 干脆地放在眼线上，沿着眼线再次填充睫毛间的空隙之处。眼线笔（灰线部分）的长处是易晕染和快速，但容易造成晕妆现象，因此将眼线液（黄色线部分）贴在睫毛根部，薄薄地涂一次可预防晕妆现象，提高妆容持久性。

卷翘睫毛

如果你在化眼妆时，对眼影的使用下足了功夫，却对睫毛的修饰草草了事，那么从今天开始你就要改变这种想法了。为什么呢？因为只要睫毛卷翘得非常好，就能非常明显地改变你的眼神和形象。例如：睫毛长度适中，却散乱无章，或是卷到了上眼皮的肉里面，会使你的形象大打折扣。另外，如果重点放在描画眼影上，就会给人一种非常强势的印象，而如果做好睫毛的卷翘，就能够弱化强势的感觉，看上去比较柔和。而且卷翘的睫毛能够让双眼皮更往上，显得眼睛更大。

睫毛卷翘的基本顺序

睫毛卷翘的基本顺序是睫毛夹－睫毛膏－睫毛棒。如果不太会用睫毛夹，夹完睫毛后，睫毛容易缠在一起，或是歪斜不正。在这个状态下涂抹睫毛膏，涂完后睫毛也是歪斜的状态，无法打造出美丽动人的卷翘睫毛。因此，最好是根据自己使用睫毛夹的熟练程度，调整睫毛膏和睫毛棒的使用顺序。用睫毛夹卷翘完睫毛后，用睫毛棒调整一下被扭压的、比较难看的睫毛，然后再涂上睫毛膏，就可以打造出非常漂亮的卷翘睫毛了。如果睫毛卷翘得比较理想，涂上睫毛膏后就可以结束睫毛的妆容了；如果睫毛比较容易下垂，还需要再用睫毛棒整理一下睫毛。

睫毛卷翘的基本工具

睫毛夹

虽然市场上出售的睫毛夹的尺寸多种多样，但在无数的产品中挑选完全适合自己的睫毛夹，就像大海捞针。就连同一品牌的产品，多少也都有一些微妙的差异。因此不要去寻找自己眼中具有完美弧线的睫毛夹，而应仔仔细细观察橡胶垫的质量。橡胶垫的弹性越好，卷出来的睫毛也就越自然，而且不会拔掉睫毛。质量比较好的睫毛夹在夹住睫毛时，内置的橡胶垫会非常柔软地接纳被卷进来的睫毛。

产品推荐

资生堂－睫毛夹 | 蔻吉－73 号睫毛夹

睫毛膏

睫毛膏分为浓密型和加长型两种，根据妆容的不同，睫毛需要演绎出的感觉也会不同，所以这两种类型都可以收入囊中。不同的妆容使用不同的产品会提高化妆效率。浓密型睫毛膏的容器大部分都是"大腹便便"，可以在你想让睫毛的数量看起来比较多的时候使用。加长型睫毛膏都是呈一字形比较苗条的样子，可以在你想让睫毛看起来比较修长的时候用它。

产品推荐

加长型睫毛膏 奇士美－纤长卷翘睫毛膏 | DOLLY WINK－纤长睫毛膏

浓密型睫毛膏 奇士美－浓密纤长睫毛膏 | 恋爱魔镜－防水型浓密睫毛

清爽型浓密睫毛膏 魅可－持久纤长睫毛膏 黑色

自然型睫毛膏 魅可－持久纤长睫毛膏

下睫毛专用睫毛膏 悦诗风吟－纤巧精细防水睫毛膏

睫毛棒

市场上卖的睫毛棒非常多样化，不过其实不需要非得购买成品，自己动手制作就可以。在食品店里可以轻易买到的木签或者牙签都可以变身为很好的睫毛棒。（制作方法参考第 127 页的内容。）

工具清单

A. 睫毛夹
资生堂 – 睫毛夹

B. 睫毛膏
魅可 – 持久纤长睫毛膏

C. 睫毛棒
大创 – 竹签

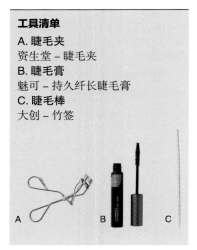

A   B   C

❶

胳膊肘固定在化妆台上，调整好镜子的角度，保持化妆的手不要颤抖，然后往前伸下巴，眨巴眨巴眼睛，是不是能够看到非常平常的睫毛呢？接下来我们就要打造出像字母 C 一样美丽卷翘的睫毛。

❷

在正面看向镜子的状态下，将眼睛分成眼角部分的眼白 a、瞳孔 b 和眼尾部分的眼白 c 三个部分。如果不是那种量身定做的，完全符合我们眼睛的"私人订制睫毛夹"，是很难一次性卷翘所有睫毛的，因此可以把睫毛分成三份分别卷翘。

❸

首先将睫毛夹集中在最中央的 b 部分的睫毛上，要最大限度接近睫毛的根部，轻轻夹住睫毛后，握住睫毛夹的手略微用力在睫毛根部夹一下，让睫毛卷上去。为了让睫毛完全地卷翘上去，握住睫毛夹的手要略用力才行，不要担心睫毛会被夹得难看。需要注意的是，握住睫毛夹的手过于用力会弄疼睫毛根部的肉，所以要轻轻地张开闭合，在不夹住肉的状态下最大限度地靠近睫毛根部。

❹

如果睫毛根部卷翘好了，睫毛夹在夹住睫毛的状态下，胳膊肘不要动，只让下巴往回拉一下。这样握住睫毛夹的手就会跟胳膊肘形成一个空间，睫毛也就自然从睫毛夹中脱离出来。这时候再用跟夹睫毛根部相同的力度夹住睫毛的中间部分，如果中间部分也夹得比较好，可以在睫毛夹夹住睫毛的状态下，让下巴再往睫毛方向伸一下。

❺

最后，如果睫毛的末端部分到了几乎要脱离出睫毛夹的位置时，可以再次用跟夹睫毛根部一样的力量夹一下。这里的重点是要这样分成三个部分用同样的力度卷翘睫毛。

6

这是用睫毛夹，以相同的力量夹过三次的睫毛状态。如果是不太会夹睫毛的初学者，夹出来的睫毛可能会有些参差不齐，看起来有些难看。不用担心，可以用睫毛棒来调整一下，但如果担心夹得不好看，力度变轻，就会降低卷翘度。

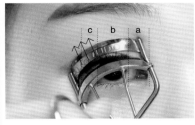

7

中间 b 范围的睫毛已经完成了"C"形睫毛的卷翘，那么接下来就轮到了剩下的 a 和 c 范围里的睫毛了。用睫毛夹的末端贴到睫毛的 c 部分，然后睫毛夹向着眉头方向呈射线状移动，重复 3~5 的步骤。眼尾和眼角的睫毛和中间部分的睫毛生长方向是不同的，是呈射线状的，所以睫毛夹移动的方向也要不一样才行。

8

把睫毛夹放在眼角部分的睫毛上，然后睫毛夹呈射线状向眉头方向移动，重复 3~5 的步骤。

9

如果感觉两头的睫毛比较难卷翘，可以用敞开式的局部睫毛夹进行卷翘。它不是一般睫毛夹的缩小版，而是两头没有堵起来的敞开式的夹子，所以不会夹到肉，也不会吞掉睫毛，更容易使睫毛卷翘。

10

这是用睫毛夹夹过的 a、b、c 三部分的状态。睫毛不会挡住眼白才是真正的卷翘。亚洲人的上睫毛末梢部分容易向下垂，下睫毛的末梢容易往正面或上面长，如果卷翘得不好，涂完睫毛膏后容易晕妆，所以上睫毛一定要明确地向上卷才行。

11

睫毛膏的刷子拔出来的时候，会沾上很多睫毛膏，如果在这个状态下直接往睫毛上涂抹，容易让睫毛粘连在一起，难以塑造出美丽的睫毛形状，所以需要把睫毛刷放在睫毛瓶上滚几下，滚掉一些睫毛膏。像圆柱似的滚动能够滚掉整个刷面上的睫毛膏。

⑫

这样滚完，瓶口是不是显得很脏呢？这时可以用纸巾擦掉上面的睫毛膏。睫毛膏的寿命一般是 6 个月，即便这样不断擦拭也能够使用 6 个月，所以不要觉得可惜，一定要果断地滚掉多余的睫毛膏。

⑬

将睫毛刷的末端在纸巾上点击，抖掉睫毛刷末端余量，不断重复直到末端能够显出它的原有色为止。

⑭

跟卷翘睫毛时一样，将睫毛分成 a、b、c 三份，握住睫毛膏的胳膊肘在化妆台上固定，不要颤抖，保持好姿势后，将睫毛刷放在靠近睫毛根部的地方，然后就像把睫毛刷的梳齿插进睫毛里一样，从睫毛根部开始，到睫毛中间为止以"之"字形方式移动涂刷睫毛膏。

⑮

睫毛膏的刷毛移动到睫毛中间位置后，就不要再以"之"字形的方式涂抹，直接直线式往外涂，如果都以"之"字形的方式涂抹就会让睫毛粘连。有的人会连睫毛的末梢也都涂上睫毛膏，但这样涂抹会让睫毛末梢变得比较重，容易造成睫毛下垂，所以最好不要涂末梢 。

⑯

剩下的 b 和 c 范围里的睫毛也以相同的方法涂刷睫毛膏。

⑰

不要再用睫毛刷蘸取睫毛膏，直接换到另一侧眼睛上以相同的方法涂刷即可。如果是惯用左手的人，可以参照图片中的方法，把胳膊肘反过来再握住睫毛刷。

⑱

将剩下的睫毛膏涂刷在下睫毛上。横向握住睫毛刷，让睫毛就像走在睫毛刷的刷齿中间一样，以非常小的之字形方式涂刷睫毛膏。

⑲

如果想要演绎出像洋娃娃一样又浓又密的下睫毛，可以把睫毛刷竖起来，不要用刷毛尖而是用距离刷毛尖0.5厘米左右的部分放在下睫毛上涂刷。

⑳

检查下睫毛膏涂抹的状态，如果感觉不是很满意，可以再涂一次。如果睫毛膏凝固了，再涂抹睫毛膏就会造成淤积现象，所以要在它干掉之前再次涂抹。

㉑

接下来就要用适当的热度舒缓开被睫毛夹夹得过于扭曲的睫毛。我用的是比较容易调节热度、非常廉价的竹签。惯用左手者用左手握住打火机，使用右手的人用右手握住打火机，另一只手捏住竹签，然后用打火机的中间火焰，加热竹签比较粗的一头（加热长度为4厘米左右）。打火机移动得比较慢容易让竹签烧起来，太快则温度不够，所以保持6~7秒来回移动10次为最佳。

㉒

来回移动10次后，短粗的竹签上就会冒出袅袅白烟。这时马上断火，把竹签换到右手上，抖一抖去掉白烟，用嘴吹一下降低竹签的温度。选择竹签当作睫毛棒用，是因为竹签比较容易冷却，不会烫伤肌肤。但是它比想象中要冷却得快，所以动作要迅速才行。

㉓

这是使用感不同的三种类型的睫毛棒，使用感越强，睫毛膏凝聚得也就越多越浓。

 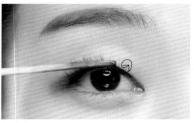 

㉔

胳膊肘固定在化妆台上，像图中一样用中指、食指和大拇指握住睫毛棒，用大拇指按压睫毛棒修整睫毛。

㉕

跟卷翘睫毛时一样，将眼睛分为三份，锁定好三份的范围。我们先从最中间 b 范围开始。不要碰到脸颊，把睫毛棒放在靠近睫毛根部的位置上之后用大拇指、中指、食指搓动转一下睫毛棒，利用转动力卷翘睫毛。

㉖

不断转动睫毛棒，从睫毛根部开始到睫毛中间部分往上卷。然后将睫毛棒从睫毛中间位置到末梢结束位置，向上眼皮方向用力按压滚动，睫毛会自然地从睫毛棒中脱离出来。注意一定不要移动得太快，越是到了睫毛末梢越是要减速，慢慢地移动。

㉗

如果眼睛感觉不到睫毛棒的温度了，就代表睫毛棒冷却了，可以再用打火机热一下，继续在 a 和 c 范围内用同样的方法进行卷翘。

㉘

下睫毛也用睫毛棒从根部开始向下滚动到中间位置，轻轻地向卧蚕方向按压。

㉙

当睫毛棒移动到下睫毛的末梢时，稍微往上提一下，这样下睫毛也可以打造成美丽的 C 形卷翘睫毛。

30

观察一下睫毛，如果睫毛的中间部分有粘连现象，可以用睫毛棒的尖锐处，轻轻地挑开。

31

睫毛也有可能会偏向一侧。这时可以在竹签的温度冷却之前，放在相关的部分向着原来的方向来回按压，并保持5秒钟，这样方向就回正了。

不同类型的睫毛矫正

A. 不能从睫毛根部卷翘的睫毛

上眼皮的肉往下按压睫毛或是睫毛太短时，卷翘的力度再强，也会很快下垂。像这种情况可以只卷翘向外突出的睫毛部分。在正面看向镜子的状态下，将往外突出的睫毛开始的部分当做睫毛的根部，用睫毛夹向上卷翘。涂刷睫毛膏也从用睫毛夹夹过的位置开始涂抹，避免眨眼睛时造成眼部晕染现象。

B. 睫毛太短

要想让睫毛演绎出漂亮动人的 C 形睫毛，要自然地将睫毛分开卷翘才行，但如果是睫毛非常短的情况，就会很难分开卷翘。这时候可以用局部睫毛夹夹住睫毛的中间部分，果断地夹成直角。然后涂抹上睫毛膏，用发烫的竹签舒缓开夹弯的睫毛，就会显得非常自然美丽。

C. 睫毛修长却数量稀少

这种类型的睫毛，睫毛虽然长但数量稀少，涂上睫毛膏后，容易让睫毛膏看起来像大腿一样粗。所以在用睫毛夹卷翘过睫毛后，用浓密型睫毛膏，从睫毛根部以"之"字形方式移动涂刷，从中间部分开始到睫毛的末梢不要涂抹睫毛膏。然后用烧热的睫毛棒，塑造出美丽的 C 形睫毛。这样会让睫毛根部变得非常浓密，数量增多，也不会让睫毛太粗，显得非常自然。

D. 睫毛短而少

用加长型睫毛膏在整个睫毛上干净整洁地涂刷一遍，先让睫毛看起来比较长。然后用浓密型睫毛膏，从睫毛根部以"之"字形方式移动涂刷，这样就可以让睫毛数量看起来增多了。如果感觉这样涂抹，睫毛重量会加重，可以在睫毛根部用浓密型睫毛膏让睫毛数量增多，中间部分到睫毛末梢部分用加长型睫毛膏涂刷，以加长睫毛。

睫毛卷翘的实用方法

A. 想让睫毛看起来就像没有涂抹睫毛膏一样自然

可以用下睫毛专用睫毛膏一根一根地涂抹上睫毛，这样就可以达到让你的上睫毛看起来像没涂睫毛膏一样自然的效果。

B. 原本就是修长浓密的睫毛，想要让睫毛看起来像没涂抹过一样自然美丽

原本就拥有修长浓密的睫毛的人，想要让眼神看起来自然深邃时可以使用浓密型睫毛膏。用浓密型睫毛膏从睫毛根部开始涂抹到中间位置为止，睫毛的末梢不要涂上睫毛膏，这样看起来会更自然，涂抹过睫毛膏的部分也会看起来像自己的睫毛一样美丽自然。

C. 想要让睫毛看起来浓密自然

事实上涂抹完了浓密型睫毛膏你就要抛弃自然美感。不过带着"哪怕就能提高一点自然感也好"的想法的人，可以用浓密型睫毛膏在睫毛根部涂抹一下，然后用下睫毛专用睫毛膏涂抹中间到末梢的部分。这种情况不需要调节产品的用量，所以不要去掉所有的睫毛膏液，只把刷毛上淤积的部分减掉就可以。大部分睫毛膏的刷毛都是比较圆鼓鼓的，就算是涂抹根部，也会超过这部分。这时候可以用螺旋刷或是睫毛专用化妆刷，从睫毛的中间部分开始到睫毛末梢为止以之字形方式移动梳理涂抹过多睫毛膏的睫毛。如果还是有多余的睫毛膏没有被清除掉，可以用竹签尖锐的一头将其去除掉。

D. 想要演绎出自然有氛围感的睫毛

除了闪耀卷翘的芭比娃娃型的睫毛，有时想要比较有氛围感的阴影型睫毛。这时候可以将睫毛分成三段，用睫毛夹轻轻地夹，不要出现被折弯的部分，睫毛就像是被轻轻压弯了一样。不过这种方法只适合那些睫毛比较长的人。

睫毛卷翘小窍门

Q. 只要用睫毛夹，睫毛就掉怎么办？

A. 事实上睫毛被睫毛夹夹掉的情况是比较少的，如果用睫毛夹往上卷翘睫毛时睫毛掉了，可能是睫毛的寿命到了而自然脱落。但如果掉落的睫毛进入眼睛里，处理起来就会比较麻烦了。这时可以选择在使用睫毛夹前，先用手轻轻地拽一下睫毛，应该脱落的睫毛这时候就会自然脱落下来。但如果拽得太用力，健康睫毛也会掉下来，所以不要用力过大，不要把眼皮上的肉都拉起来了。

Q. 睫毛膏总是沾在上眼皮上，该怎么办？

A. 眼睛看向正面涂抹时容易发生这种事情。将小镜子或有角度的镜子，调节到跟自己的面部呈45度角之后，抬起下巴，眼睛向下看，让镜子照到睫毛的下面，这样就可以看到睫毛的根部，用这种姿势涂抹到睫毛的末梢也不会出现睫毛膏沾到上眼皮的情况。如果睫毛膏总是大块大块地淤积，那是因为没有充分地滚掉睫毛刷上的睫毛膏。

Q. 只要涂上睫毛膏睫毛就会胡乱纠缠在一起，怎么办？

A. 如果是因为涂抹睫毛膏，而让睫毛纠缠在一起，可以用烧热的竹签放在纠缠在一起的部分，利用睫毛棒的温度融化淤积在一起的睫毛膏，再快速地用竹签的尖锐头分开纠缠在一起的睫毛。

Q. 用睫毛夹卷睫毛时，容易夹到肉，该怎么办？

A. 化妆师在使用睫毛夹时，会确认卷翘得怎么样，然后慢慢地夹住睫毛。过于着急地夹住睫毛时，就会夹住肉。一定要放下想要一次夹好的"急功近利"的心态。将睫毛分成三份后再用睫毛夹夹翘。容易夹住肉的人是因为上眼皮的肉过多，眼皮下垂导致的。这时候可以用跟上眼皮比较容易相连的睫毛夹内侧面（铁面）略微往上提一下上眼皮的肉之后，再用睫毛夹夹住睫毛根部，以睫毛夹的末端往外翻的部分为支架，进行卷翘。

Q. 睫毛膏容易在睫毛末梢结块，怎么办？

A. 上睫毛或是下睫毛的末梢如果有睫毛膏淤积或是结块的情况，可以在睫毛膏未干的状态下用手轻轻抹掉。

Q. 睫毛卷翘得不自然，怎么办？

A. 事实上将睫毛分开夹的这种方法当成一种定式去做时就容易出现这样的状况。要仔仔细细观察镜中自己夹睫毛的样子，是否存在以下现象呢？睫毛夹从根部直接移动到睫毛末端；相同的部分反复夹；只在睫毛根部用力，越到中间部分和末梢就越无力。用睫毛夹用力夹弯的睫毛可以用睫毛棒舒缓开，所以不用担心这一点，尽管果断地使用均匀的力度卷翘睫毛吧。

Q. 睫毛膏容易晕染到眼睛下面，该怎么办？

A. 这就证明睫毛膏的使用期限已经到了。睫毛膏的使用寿命一般是6个月，而画睫毛时需要耗费一定的时间，开着瓶盖更容易减短它的使用期限。因此如果睫毛膏有掉粉的现象，只能毫不留恋地将其扔掉。如果不是涂完后掉下睫毛膏来，而是到了下午才会掉下来，这也可能是睫毛膏本身的特性，可以用烧热的竹签将其融化后再次涂抹睫毛膏。

Q. 用睫毛夹夹了也不容易卷翘，该怎么办？

A. 无论多么用力夹睫毛，睫毛也不会翘上去？可以回顾一下自己的基础护肤步骤：若眼霜涂抹到了睫毛上会让睫毛吸收产品的油分，无论你怎么夹，也很难夹出形状来。在基础护肤阶段里涂抹眼霜时尽可能地避开睫毛，如果还是不小心涂上了眼霜，可以用烧热的竹签卷翘一遍之后，再用睫毛夹试一下。这样，竹签的热量会让油分在一定程度上蒸发掉，再用睫毛夹卷翘时，就会变得相对容易了。如果没有涂抹眼霜，睫毛也不往上翘，那就要用其他的方法了。结束基础底妆后，可以涂一些透明睫毛膏，再开始画眼妆。眼妆结束后，涂在睫毛上的透明睫毛膏就会风干，像被剪裁过一样非常硬，这时候再用睫毛夹就容易夹卷翘了。

第六章
腮红

化妆工具

EYE（眼部）

玫珂菲 – 眼影 D716号

魅可 – 单个眼影

EYE LINER（眼线）

乐玩美研 – 防水眼线液 深褐色

魅可 – 精彩烟熏眼线笔

BROW & CURL（眉毛和睫毛）

珂莱欧 – 单个眼影 木头色

植村秀 – 砍刀眉笔 褐色

DOLLY WINK – 纤长型睫毛膏

AIRTAUM – 睫毛 1号

FACE（面部）

玫珂菲 – 紧致粉底液 11号

植村秀 – 幻彩胭脂 浅黄色

谜尚 – 腮红 嫩珊瑚色

魅可 – 矿物高光修容粉饼 深褐色

LIP（唇部）

菲诗小铺 – 染唇液 橙色

菲诗小铺 – 润唇膏 乳木果油

腮红

　　腮红的颜色多种多样，但却是化妆一宝，将它涂在手背上时无法看出效果，只有把它涂在脸颊上，才会散发出自身颜色。我们只要拥有几款基本色调的腮红就可以打造出多种不同的妆容。选择基本腮红最容易的方法就是选择那些颜色朦胧的浅色调产品，像辨识度不高的粉色、珊瑚色，而非常浓烈的橙色等要避而远之。选择那些既像粉色又像珊瑚色，说不清它是哪种颜色的腮红，才能让你的脸颊显得自然美丽。

腮红的基本涂抹范围

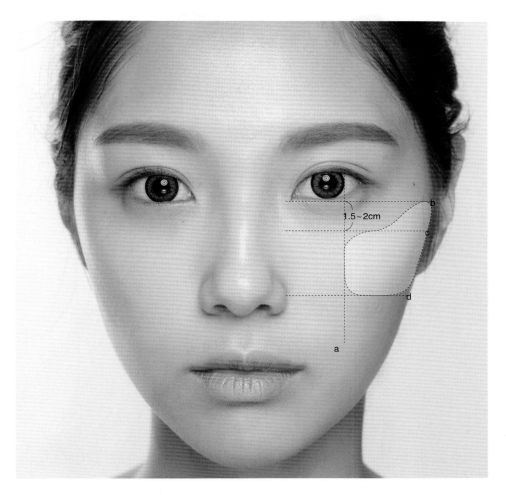

腮红的范围不是固定的，可以根据自己的脸形，或是自己想要演绎出的感觉相应地改变。不过初学者最好是在基本的范围里涂抹腮红，这样安全指数才会更高。在看向镜子正面的状态下，根据以下的步骤在头脑中画出它的曲线来。

步骤 1
从瞳孔结束的位置画一条竖线 a。

步骤 2
从眼角开始到长络腮胡子的部分画一条水平线 b。

步骤 3
在距眼睛 1.5~2 厘米的位置画一条水平线 c。

步骤 4
在鼻孔最向外突出的部分画一条水平线 d。

步骤 5
认真察看图中的范围。从水平线 b 向 c，画一条完美的曲线，垂下来到竖直线 a 和水平线 d 为止，是不是就像是被扭歪了的水滴呢？这就是要涂抹腮红的位置。

用手涂抹腮红膏（霜）的方法

接下来我们会讲解用手涂抹腮红霜的方法。事实上涂抹腮红霜时还是用气垫或者海绵多一些，不过因为它们要吸收掉一定的油分，所以用手涂抹会更显自然滋润的感觉。我也很喜欢用手涂抹腮红霜，希望大家在这一章节里掌握如何在没有工具的情况下演绎出完美腮红的要领。

工具清单

A. 粉色腮红
丝荻拉 – 腮红
B. 粉底
植村秀 – 小灯泡光感粉底液
774 号
C. 菱角海绵
自然主义 – 五角海绵

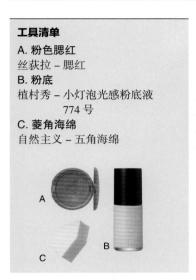

❶

首先蘸取足量的腮红 A 涂在手背上调节使用量。经过练习，技术越来越好的时候，就能掌握调节使用量的要领了。

❷

中指第一个指节上全部涂抹上腮红 A。如果使用两根手指，两指之间的缝隙容易弄花脸颊，需要注意这一点。

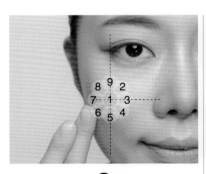

❸

从眼睛的眼尾到鼻子最为突出的部分画出两条线，以两线相交的点为基准点（图中 1 号圆），就像画小漩涡一样，用中指拍打，由内向外，薄薄地涂抹开腮红 A。如果一开始就画得比较厚，脸颊就会像烤红了的红薯，所以尽量涂得薄一点。

❹

腮红是不是涂得有些浓了呢？如果是，不要用粉而要用粉底来遮盖。将适量粉底 B 涂在手背上之后，用菱角海绵 C 的菱角面蘸取粉底，这时，就可以充分利用菱角海绵能够扫走产品的性能了。

❺

用沾有粉底 B 的菱角海绵 C，在过量涂抹腮红的部位轻轻扫一扫，记住握住海绵的手要放松。因为菱角海绵是歪斜的形状，本身已经有一定的力度，因此在使用时要注意这一点。

用气垫涂抹腮红膏（霜）的方法

相对来说，腮红膏（霜）的一大优点就是不受工具的制约。这一节里，我将为大家讲解用气垫涂抹腮红膏（霜）的方法。而且，在这节里，我们会复习一下锁定腮红涂抹的基本区域的方法，所以，希望大家认真仔细地跟着学。

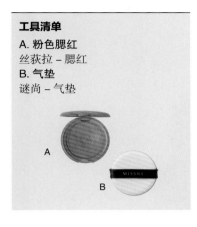

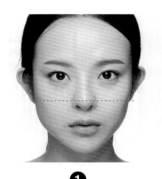

❶

首先，锁定好涂抹腮红的基本范围。先从鼻孔往外凸的支点开始画一条水平线（红色线）。

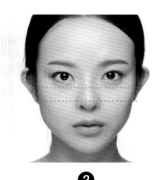

❷

在距离眼睛 1.5 厘米的支点上画一条水平线（蓝色线），眉毛末端画一条竖直线（黄色线）。

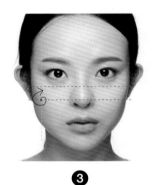

❸

以 1~2 步骤中画线相交的支点（红色点）为开始点，画大点的漩涡，不要越过蓝色线的范围，在里面涂抹腮红霜（可参考 137 页步骤 3）。这是涂抹腮红的基本范围，大家可以在此范围内按照自己的脸形，适量调节。

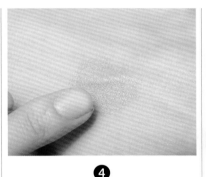

❹

蘸取适量腮红霜 A 涂在手背上，之后就像打圈似的用手指涂抹开。需要注意：涂抹的范围要小于气垫 B 的大小。

❺

不要用纸巾擦掉手指上沾染的腮红霜 A，而是抹在气垫中央，这是减少浪费的方法哦！

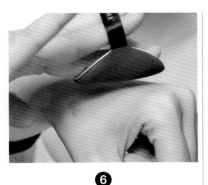

❻

中指在气垫 B 中央略微推一下气垫，将手背上的腮红霜沾到气垫上。这样气垫上就会有圆形的腮红霜。

❼

将气垫上腮红霜 A 的原样点在腮红涂抹范围的中间部分上。

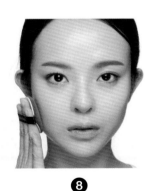

❽

以涂抹上腮红霜 A 的最中间位置为基准点，就像画漩涡一样用气垫 B 拍打并由内向外移动，不是画圆形而是类似于椭圆形。越往外，握住气垫的手就越要放松，这样腮红就会自然晕染开。

用化妆刷涂抹腮红粉的方法

　　腮红粉非常适合打造如桃子般绯红的干爽脸颊。因为它是大众类型，所以选择的颜色范围比较宽。但是如果不太会用化妆刷，就可能会弄花妆容，再加上它不容易调节用量，会让脸颊看起来像被烤红了的红薯一样。腮红粉涂抹时，最重要的就是用量的调节。一定要铭记：一开始不要涂抹得太浓，要浅浅地、淡淡地涂，之后循序渐进按照自己的喜好增加浓度。

工具清单

A. 杏色腮红
自然乐园 – 腮红 02 号
B. 腮红刷
VDL – 高光刷

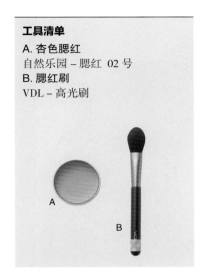

❶
选择不会弄花妆容的大腮红刷，但注意最好不要选择毛量非常丰盛的刷子。小号腮红刷虽然可以演绎出多种多样的效果，但不太适合初学者。

❷
用腮红刷 B 的侧面，滚动式蘸取腮红粉 A。一次不要沾太多，涂完后有一层淡淡的感觉更便于调色。用化妆刷蘸取腮红粉时，化妆刷上容易淤积一些腮红粉，适量抖掉一些，调节好用量。

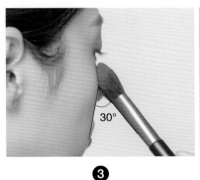

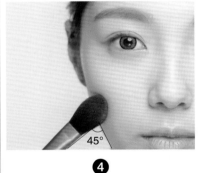

❸
锁定好要涂抹腮红的范围后，将腮红刷 B 放在这个范围的最中间部分。涂抹时腮红刷与脸颊呈 30 度角，如图中所示，紧贴肌肤，由内向外以漩涡式（打圈式）轻轻拍打移动。

❹
拍打完整个腮红范围后，使腮红刷 B 与脸颊呈 45 度角，用刷毛尖的剪裁面似触非触地在肌肤上由内向外滚动，之后适量抖掉一些腮红粉，留下需要的量。如果已经画出了自己想要的颜色，那腮红就可以到此结束了。如果觉得还不是太满意，以相同的方法画到自己满意为止。

用迷你粉扑涂抹腮红粉的方法

　　化妆台上能与眼影和口红"平分秋色"的就是腮红，因此，大概每个人都会有一个闲置在化妆台上的腮红。如果腮红盒内带有一个软绵绵的、娇小的粉扑，就可以用它涂抹其他的腮红。粉扑跟腮红刷不一样，不需要抖掉多余用量，使用起来非常方便。

工具清单

A. 添加了金色珠光的蜜桃腮红

魅可 – 腮红 玩转粉橙

B. 迷你粉扑

腮红粉内置粉扑

A   B

用迷你粉扑涂抹腮红粉的方法

❶

挑选任意一个腮红盒中自带的迷你粉扑 B，轻轻在腮红上拍打几下。

❷

使用腮红刷时需要抖一抖调节用量，而粉扑不需要。按照你所蘸取的用量直接拍打在涂抹范围的中心部分，让腮红粉贴到你的肌肤上。

❸

以腮红范围最中间的位置为基准点，以打圈的方式轻轻拍打粉扑，由内向外薄薄地涂抹开腮红 A，注意不要涂到鼻子下方（线下面）。

腮红膏（霜）的修容法

　　如果有点厌倦了平常涂抹的一种颜色的腮红，可以用两种颜色的腮红霜以重叠涂抹的方法来使用。比起单一的颜色，两种颜色层叠的腮红会塑造出更有氛围感的清纯脸颊。

工具清单

A. 粉色腮红
菲丽菲拉 – 羞涩棉花糖气垫腮红
4 号
B. 蜜桃腮红
丝荻拉 – 腮红
C. 气垫
谜尚 – 气垫

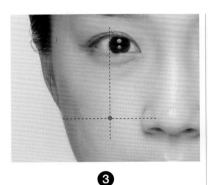

腮红膏（霜）的修容法

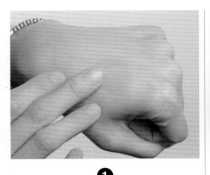

❶

蘸取足量的腮红 A，将其涂在手背上。随着化妆技术越来越娴熟，你会逐渐找到调节用量的要领。

❷

将腮红 A 抹在气垫 C 上面。

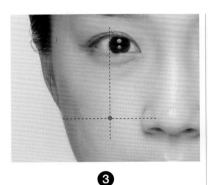

❸

从眼白开始的支点往下画一条垂直线，从鼻孔最突出的支点画一条水平线，两线相交的点为始点，由内向外薄薄地涂开腮红 A。这里也需要注意：不要让腮红涂抹到鼻子以下。

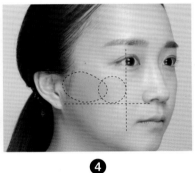

❹

用气垫 C 蘸取腮红 B，略微重叠在之前涂抹的腮红上，涂到会长络腮胡子的直线为止。

腮红粉的修容法

腮红的层叠感不仅可以用腮红霜塑造，用腮红粉也同样可以塑造出来，方法都是一样的。

工具清单

A. 含有粉色珠光的橙色腮红粉
自然乐园 – 腮红 02 号
B. 腮红刷
VDL – 高光刷
C. 粉色腮红粉
菲诗小铺 – 腮红 04 号粉色气垫

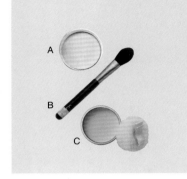

❶

用腮红刷 B 的侧面滚动蘸取腮红 A。

❷

以侧面颧骨为中心，用腮红刷 B 将腮红 A 涂抹成椭圆形。这样可以塑造出自然融合的肌肤血色。大部分亚洲人的颧骨比较大，如果用阴影来修饰，会让肤色看起来比较暗沉，因此，可以这样涂抹腮红来完善这个不足。

❸

使腮红刷 B 的侧面刷毛完全平躺，点三下腮红 C，画圈式涂抹在前侧脸颊上。注意：单用这种方法也可以打造出非常漂亮的腮红。

❹

涂抹过橙色腮红 A 的范围和涂抹过粉色腮红 C 的范围相交叠，效果更加自然，也更为美丽。

腮红粉的混合法

也许你的化妆台上存在只试用过一次的腮红，或是连包装都没拆过的腮红。之所以会出现这样的情况，多数是因为自己购买时被它华丽的颜色所吸引，买回来后却觉得颜色不适合自己。而这时候就可以尝试一下腮红的混合法。若将两种颜色非常鲜艳的腮红混合在一起，它们的颜色鲜艳度就会降下来，变成无可挑剔的漂亮颜色，这也是延续你一开始买到产品时那种幸福感的好方法 。

工具清单

A. 比较浓艳的橙色腮红
RMK – 腮红粉 鲜亮甜橙色
B. 含有珠光的粉色腮红
RMK – 腮红粉 闪耀亮粉色
C. 腮红刷
VDL – 高光刷

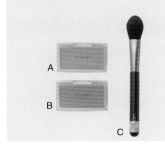

❶

首先准备好需要混合在一起的两种颜色的腮红 A、B。层叠是涂完一种产品后再涂一种产品，混合则是将两种颜色完全不相关的产品混合在一起。

❷

用腮红刷 C 揉擦似地沾满腮红 A，要满足两侧脸颊用量。在涂抹时，如果混合后的腮红不够用了，容易让两侧脸颊的颜色不一样，所以一定要沾得满满的才行。

❸

将刚刚蘸取的腮红粉 A 在干净的盖子上或是干净的纸上抖一下。要注意不要让抖掉的粉飞走，用凹陷的瓶盖比较适合。

❹

以同样的方法，用化妆刷蘸取腮红粉 B 撒在腮红粉 A 上。

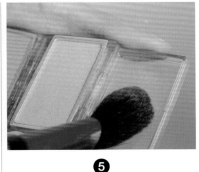

❺

滚动化妆刷，将两种颜色混合在一起。混合到一定程度后，抖一下腮红刷。

❻

反复混合两种颜色，使之达到均匀状态。

❼

腮红刷在空中或是纸巾上抖一下，将调和好的颜色涂抹在想要涂抹的脸颊范围里。

必备的腮红颜色

※ 各项目里介绍的腮红颜色是基础必备的。

※ 可以按照自己的喜好，从各项目中挑选一个购买即可。

※ 玫瑰色系列的产品不是任何人都能驾驭的，所以不作推荐。如果感觉非常适合自己可以购买。

粉色腮红

有无珠光都没关系：粉色腮红

· 珂莱欧 – 单色腮红 03 号、06 号

· 魅可 – 时尚胭脂

· 菲诗小铺 – 气垫腮红 浪漫粉色、性感橙色

· 魔法森林 – 腮红 01 号

· 阿玛尼 – 丝绒完美腮红 500 号

· 香缇卡 – 腮红

粉色
（有光或无光）

蜜桃或甜橙色腮红

有无珠光都没关系：蜜桃或甜橙色腮红

· RMK – 腮红粉 亮白珊瑚色

· 菲诗小铺 – 单色腮红 柔粉色

· 谜尚 – 塑颜腮红 橙红、玫瑰连衣裙

· 自然乐园 – 腮红 01 号

· 阿玛尼 – 丝绒完美腮红 502 号

蜜桃或甜橙色
（有光或无光）

珊瑚色腮红

有无珠光都没关系：珊瑚色腮红

· 魅可 – 柔彩矿质腮红 桃色

· 菲诗小铺 – 单色腮红 粉色嘉年华

· 魔法森林 – 水晶腮红 03 号

· 阿玛尼 – 丝绒完美腮红 305 号

珊瑚色
（有光或无光）

驼色腮红

有无珠光都没关系：驼色腮红

· 植村秀 – 幻彩胭脂 740 号

· 魅可 – 柔彩矿质腮红 金色

· 阿玛尼 – 丝绒完美腮红 503 号

驼色
（有光或无光）

第七章
口红

化妆工具

EYE（眼部）

谜尚 - 珠光炫彩眼影

AIRTAUM - 67号

芭比波朗 - 单个眼影 裸粉色

魔法森林 - 单个眼影 浓烈红酒色

伊思 - 眼影 04号

EYE LINE（眼线）

植村秀 - 手绘眼线笔 黑色

乐玩美研 - 流线型眼线笔 黑色

BROW & CURL（眉毛和睫毛）

植村秀 - 砍刀眉笔 褐色

得鲜 - 眉粉 自然褐色

魅可 - 浓密炫翘防水睫毛膏 黑色

FACE（面部）

玫珂菲 - 清晰无痕粉底液 235号

思亲肤 - 彩虹粉饼 4号

魅可 - 矿质高光修容粉饼 深褐色

LIP（唇部）

玫珂菲 - 柔色霓彩唇膏 52号

口红

口红、眼影和腮红在化妆台上均占有一席之地。购买口红时可以先根据自己的化妆技术购买基本颜色，然后随着自己技术的娴熟度增加而逐渐增加颜色。

必备口红

※ 以下各项目里所介绍的口红颜色为基本色系，可按照自己的水准和喜好各购买一款。

蜜桃唇（初级）

有无珠光都没关系：桃红色口红

· 玫珂菲 – 柔色霓彩唇膏 40、51 号
· 纳斯 – 时尚经典唇膏 桃红色
· 思亲肤 – 口红 牛奶珊瑚色
· 香奈儿 – 可可小姐 78 号

蜜桃色
（有光或无光）

珊瑚唇（初级）

有无珠光都没关系：珊瑚色口红

· 思亲肤 – 自动按压式唇彩 西柚色、绝美玩色 2 号
· 玫珂菲 – 防水恒彩唇釉 18 号
· 香奈儿 – 可可小姐 60 号
· 迪奥 – 魅惑超模 373、69 号
· 魅可 – 时尚唇膏 浅珊瑚色

珊瑚色
（有光或无光）

粉红唇（初级）

有无珠光都没关系：粉色口红

· 魅可 – 时尚唇膏 情感粉色、润彩秀光
· 思亲肤 – 自动按压式唇彩 绝美玩色 1、2、3 号
· 香奈儿 – 可可小姐 56、422、42 号
· 芭比波朗 – 柔彩丝润唇膏 粉色

粉色
（有光或无光）

甜橙唇（中级）

有无珠光都没关系：橙色口红

· 植村秀 – 无色限漆光唇釉 赤橙
· 迪奥 – 魅惑超模 551 号
· 呼吸 37 度 – 染唇液 橙色
· 芭妮兰蔻 – 口红 13 号
· 玫珂菲 – 柔色霓彩唇膏 52 号

甜橙色
（有光或无光）

大红唇（中级）

有无珠光都没关系：大红色口红

· 阿玛尼 – 口红 400 号
· 迪奥 – 魅惑唇膏 75 号
· 玫珂菲 – 柔色霓彩唇膏 42 号
· 香奈儿 – 可可小姐 440 号

大红色
（有光或无光）

玫瑰唇（中级）

有无珠光都没关系：玫瑰色口红

· 迪奥 – 烈焰蓝金唇膏 567 号
· 芭比波朗 – 柔彩丝润唇膏 芙蓉粉

玫瑰色
（有光或无光）

栗红色唇（高级）

有无珠光都没关系：驼色或褐色口红

· VDL – 口红 103 号
· 芭比波朗 – 悦虹唇膏 玫紫

栗红色
（有光或无光）

紫红唇（高级）

有无珠光都没关系：紫红色口红

· 玫珂菲 – 柔色霓彩唇膏 44 号
· 魅可 – 时尚唇膏 热情红润葡萄酒色
· 香奈儿 – 可可小姐 21 号

紫红色
（有光或无光）

玫红唇（高级）

有无珠光都没关系：玫红色口红

· 亦博 – 口红 23 号、44 号
· 玫珂菲 – 防水恒彩唇釉 16 号
· 纳斯 – 丝绒亚光唇笔

玫红色
（有光或无光）

口红的基本涂抹法

"填充式"涂抹法是涂抹唇类产品的基本方法。虽然清晰明了、唇线分明的唇妆不符合最近追求裸妆的趋势，不过却是塑造优雅和性感相结合的复古风的唇妆方法。特别是在比较流行深色的秋天里，这款唇妆更能发挥出优势。

工具清单

A. 鲜红色
玫珂菲 – 柔色霓彩唇膏 52号
B. 唇刷
毕加索 – 501
C. 修容粉
魅可 – 清透美颜蜜粉饼
D. 粉饼刷
毕加索 – 133

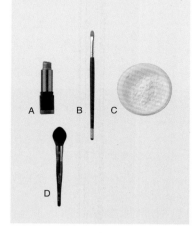

A B C

D

❶

用遮瑕膏或是粉底整理一下唇线。

❷

唇刷B的前后面充分蘸取口红A，让沾在唇刷上的口红颜色和口红的原有颜色一样才可以。

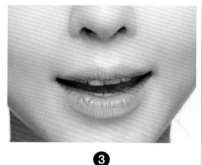

❸

为了舒展开嘴唇的周围，可以发出"ai"的声音，让嘴角向两边拉伸。

❹

利用整个唇刷的扁平宽面，从下嘴唇的内侧到外侧一次性涂抹90%左右的面积，上嘴唇也以同样的方法涂抹。

❺

接下来就要涂剩下的10%了，唇线部分涂得干净利索的要领是：唇刷毛尖就像插入唇角里一样，用刷毛的宽面涂抹口红，这样唇刷的侧面能够更加自然地贴合在唇线上。

❻

用唇刷的侧刃面画唇线，从唇线里面到嘴唇中间一直画下去。另一侧也以相同的方法涂抹。

❼

接下来就要涂抹上嘴唇了。用唇刷最末端的圆面菱角，用力点一下唇峰，标好界限。然后将化妆刷贴在嘴唇上，用侧刃面填充唇线，到了往上突出的唇峰后，略微向嘴唇的内侧滚动，这样唇线会非常干净整洁。

❽

另一侧也以相同的方法涂抹。

❾

如果想要让颜色深一点，可以在口红涂抹得比较少的部位多涂一些，让整个颜色更加均匀。

❿

此时可以结束唇妆，如果想让唇妆更加持久一点，可以用干净的纸巾轻轻在嘴唇上敷一下。

⓫

用粉饼刷 D 蘸取适量的修容粉 C，在纸巾上轻轻拍打整个嘴唇。如果没有粉底刷，也可以用纸巾轻轻地点一下。

⓬

拿掉纸巾，再涂抹一次口红 A。

　　正确的唇类产品消费行为是选购适合自己的颜色，但现实生活中自己喜欢的颜色和适合自己的颜色并不完全一样。当你在逛街时遇到新上市的、喜欢却不适合自己的唇膏颜色时，最好的方法并不是放弃自己喜欢的颜色，而是改变唇膏的涂抹方法。不要把这个颜色涂抹在整个嘴唇上，而是涂抹在局部，使其呈现出自然渐变的效果，这样就可以打造出适合自己肌肤的唇妆了。

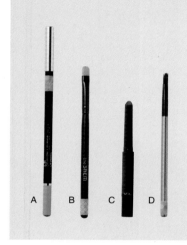

A B C D

适合任何人的口红涂抹法 – 渐变

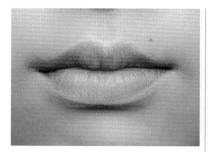

1

唇妆若增添了让颜色变得非常轻柔而没有分界线的渐变感，就可以让口红的颜色与肌肤无关，为你消化大部分色彩的口红，打造完美的唇妆。首先，沿着唇线的外侧涂上遮瑕膏 A，将嘴唇周围散乱的唇线整理干净。

2

用遮瑕刷 B 沿着唇线轻轻地向外侧涂开遮瑕膏的分界线（黑线）。然后，以相同的方法涂抹开内侧嘴唇的遮瑕膏。遮瑕膏的中间部分（黄色线）不要动，只要涂抹开两侧外围的分界线即可。

3

用唇刷 D 的两面充分蘸取唇膏 C。蘸取的时候唇刷要左右来回刷一下，让沾在刷毛上的颜色和口红自身的颜色一样才可以。

4

唇刷 D 的侧刃面对好下唇唇线后，将扁平面放在下唇上轻轻移动，使口红涂抹在整个下唇上。

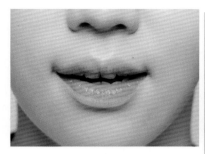

❺

下唇的两侧嘴角都涂完后效果如图。

❻

以相同的方法涂抹上嘴唇的一半。

❼

用纸巾擦一下唇刷 D 上蘸取的口红 C。记住不要全部擦掉，而是要留下一半左右，如果口红的颜色比较浅则可以省略这一步。

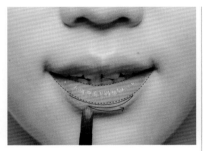

❽

以刚才涂抹过口红的分界线为起点，将唇刷 D 的刷毛尖放在分界线上，用唇刷向外侧以"之"字形涂抹分界线的外侧，塑造自然渐变感。这里需要注意：一定不能动分界线内侧的口红。

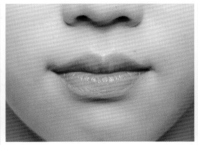

❾

如果感觉颜色涂得太深，可以用纸巾擦一下嘴唇，再塑造渐变感。

❿

上嘴唇外侧也以相同的方法用唇刷 D 涂抹开。如果感觉渐变效果很满意，那唇妆就可以结束了。如果觉得不是很满意，可以用唇刷 D 的刷毛尖蘸取少量口红 C，略微在嘴唇中间再涂一下。

厚嘴唇变樱桃唇的口红涂抹法
"障眼法"

工具清单

A. 遮瑕笔
PARIS BERLIN – 蜡笔遮
瑕笔 217 号

B. 遮瑕刷
得鲜 – 遮瑕刷

C. 粉色口红
迪奥 – 烈焰蓝金唇膏
452 号

D. 唇刷
思亲肤 – 高级触感遮瑕刷

A　B　C　D

厚嘴唇变樱桃唇的口红涂抹法 – "障眼法"

❶
厚嘴唇的唇线一般都比较清晰，用想要盖住这唇线的感觉，向着嘴唇的内侧厚厚地涂一层遮瑕膏 A，涂抹到想要减小的位置即可。

❷
用遮瑕刷 B 沿着分界线（黑色线）向外侧轻轻涂抹开发白的遮瑕膏 A，内侧的遮瑕膏也以相同的方法涂抹开。涂抹过遮瑕膏的中间部分（黄色线）一定不要动，只向分界线的两侧涂抹。

❸
刚才的步骤里我们只涂抹了里外侧的分界线，所以应该是只剩下了中间部分，要确认一下。

❹
用唇刷 D 的前后面沾满口红 C。因为我们用遮瑕膏重新塑造了唇线，所以用颜色比较深的口红涂抹效果更好一些。若口红的颜色较浅会让渐变效果减半。

❺
化妆刷 D 的侧刃面对准下唇线，扁平面放在嘴唇上之后嘴唇里面（靠近牙齿处）都涂上颜色。涂抹剩下嘴唇的一半，嘴唇厚的人可以少涂一点。

❻
将唇刷的刷毛尖放在放在刚才涂抹过口红的分界线上，用分界线上的口红，向着嘴唇外侧涂抹。这时以重新塑造唇线的感觉，小心地沿着用遮瑕膏遮盖过的唇线，往外涂抹。同样，分界线内侧一定不要动。

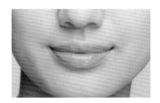

❼
上嘴唇也以相同的方法涂抹口红。

❽
如果对口红的颜色不是很满意，可以用唇刷 D 的刷毛尖蘸取少量的口红 C，轻轻地在嘴唇中间再涂一遍。

小薄唇的口红涂抹法
遮　　　瑕

工具清单

A. 遮瑕笔
PARIS BERLIN – 蜡笔遮瑕笔 217号

B. 遮瑕刷
思亲肤 – 高级触感遮瑕刷

C. 粉色口红
玫珂菲 – 柔色霓彩唇膏 51号

D. 粉色唇膏
魅可 – 润彩诱光唇彩 偏白淡紫色

E. 唇刷
毕加索 – 501

A B C D E

❶

一般遮盖小薄唇的方法是用唇线笔画比原有的唇线大一点的范围之后，向内侧涂抹唇类产品。不过这需要唇线笔和所用的口红颜色一致才行，具有一定的局限性，因此，我比较推荐用遮瑕法。

❷

在正面看向镜子的状态下，把遮瑕笔A当成唇线笔使用，端正地画出自己想要的唇线。

❸

用遮瑕刷B向着外侧轻轻绵延开发白的、遮瑕笔涂抹过的分界线。

❹

嘴唇内侧遮瑕膏也以相同的方法涂抹开。这时候绝对不要动涂过遮瑕膏的中间部分，只是在分界线上轻轻地往嘴唇内侧涂抹开。

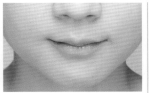

❺

刚才3~4的步骤里涂抹了遮瑕膏线的内外侧，所以应该是只剩下中间部分，要确认一下。

❻

为了舒展开嘴唇上的皱纹，要发出"ai"的声音，使两侧嘴角向外拉伸。然后用沾有口红C的唇刷E的扁平面，从下嘴唇的内侧开始向外侧一次性涂抹唇部面积的90%左右。

绝密小窍门

嘴唇偏薄，不能使用偏亮、偏重的颜色，容易让唇妆看起来比较乱，选用中间色调的产品会更合适一些。

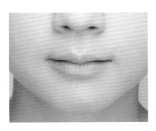

❼

上嘴唇也以相同的方法涂抹。

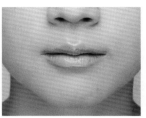

❽ 用唇刷 E 的刷毛尖再次蘸取口红 C 之后，将刷毛的侧刃面放在原来的唇线上，沿着唇线涂抹口红 C。用这种方法涂抹整个双唇。

❾ 这是前面步骤中沿着原来的唇线涂抹过口红后的样子。现在需要以"之"字形移动，向着扩大后的唇线上涂抹口红，让双唇看起来更饱满。

❿ 如果想要让嘴唇看起来再厚一些，可以用化妆刷 E 蘸取颜色相近的口红或是染唇液涂抹上。

⓫ 将粉色唇膏 D 涂在嘴唇内侧。慢慢地再次涂抹的唇膏 D 会进入唇纹里面，让嘴唇看起来更饱满。

口 红 涂 抹 技 巧

富有光泽

工具清单

A. 口红
VDL – 方形口红 102 号
B. 染唇液
VDL – 方形口红 101 号
C. 唇刷
思亲肤 – 高级触感遮瑕刷

A　B　C

口红涂抹技巧 – 富有光泽

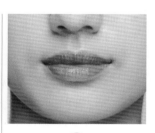

❶ 用唇刷 C 涂抹自己想要涂抹的颜色或是与口红相近颜色的染唇液 B。

❷ 涂完染唇液后再涂上口红 A。

口红涂抹技巧
不易掉色

工具清单

A. 粉色口红
魅可 – 矿质特润唇膏 中调暖玫瑰色

B. 遮瑕笔
PARIS BERLIN – 蜡笔遮瑕笔 217号

C. 遮瑕刷
思亲肤 – 高级触感遮瑕刷

D. 粉扑
LOHBS – 化妆用粉扑

E. 修容粉
魅可 – 清透美颜蜜粉饼

F. 唇刷
毕加索 – 501

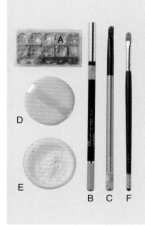

口红涂抹技巧 – 不易掉色

❶ 在涂抹唇妆产品前，用遮瑕笔 B 沿着唇线画一遍。

❷ 用棉棒或者遮瑕刷 C 轻轻向外涂抹开遮瑕膏生成的分界线，达到跟肤色一样自然的效果。

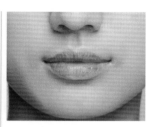

❸ 仔细看一下图片，因为只是涂抹开了分界线，所以分界线里面的遮瑕膏还是原来的样子。

❹ 用粉扑 D 蘸取适量的蜜粉 E 后，稍微抖一下粉扑，用粉扑上的蜜粉按压分界线。

❺ 用唇刷 F 蘸取口红 A 后涂抹在嘴唇上。

❻ 将纸巾贴在嘴唇上，用粉扑 D 轻轻按压嘴唇。

❼ 再次涂抹口红 A，完成妆容。

第八章
蜜桃色、珊瑚色、裸色妆容

化妆工具

EYE（眼部）

魅可 – 时尚幻彩霜　柔和粉色

悦诗风吟 – 矿物质单色眼影　32号

珂莱欧 – 单色眼影　43号

伊蒂之屋 – 下午茶单色眼影　蜂蜜牛奶

EYE LINER（眼线）

乐玩美研 – 防水眼线液　深褐色

BROW & CURL（眉毛和睫毛）

植村秀 – 砍刀眉笔　深褐色

玫珂菲 – 眼影　614号

得鲜 – 眉粉盘　自然褐色

魅可 – 持久纤长睫毛膏

AIRTAUM – 睫毛　6号

FACE（面部）

玫珂菲 – 紧致粉底液　11号

思亲肤 – 彩虹蜜粉　4号

CATRICE（德国美妆品牌）– 粉饼　010号

悦诗风吟 – 双色眼影　3号

LIP（唇部）

玫珂菲 – 柔色霓彩唇膏　40号

洋溢少女感的
蜜桃色妆容

接下来告诉大家怎么用可爱的蜜桃色打造百分百清纯可爱少女感觉的美丽妆容。这款妆容能最大化地表现出自然感，并且用眼线来放大清纯感，不仅适合作为每天的日妆，也非常适合某些特别的日子。除了亚光基底妆之外，所有底妆都很适合打造这款妆容，所以，我们塑造完适合自己的底妆后，可以尽情享受这款如蜜桃般的美丽彩妆。

化妆工具

EYE（眼部）
谜尚 – 阴影膏 金色
魔法森林 – 单个眼影 心跳加速粉色，曲奇褐色
伊蒂之屋 – 下午茶单色眼影 清爽西柚茶

EYE LINER（眼线）
PARIS BERLIN – 遮瑕蜡笔 217号
乐玩美研 – 流线型眼线液 褐色
植村秀 – 手绘眼线笔 黑色

BROW & CURL（眉毛和睫毛）
得鲜 – 眉粉 自然褐色
VDL – 睫毛膏 亮褐
魅可 – 持久纤长睫毛膏

FACE（面部）
玫珂菲 – 紧致粉底液 11号

AIRTAUM – 遮瑕膏
思亲肤 – 彩虹粉饼 4号
悦诗风吟 – 双色眼影 3号
佳丽宝 – 渐变腮红 03号

LIP（唇部）
魅可 – 时尚唇膏 橙调裸粉

TOOL（工具）
魅可 – 239
毕加索 – FB17、777、108、109
悦诗风吟 – 眼线胶用化妆刷
大创 – 阴影刷、竹签
得鲜 – 遮瑕刷
蔻吉 – 睫毛夹 73号

❶

眉毛的画法可参考第 100-103 页的内容，选择比自己的发色或是瞳孔颜色亮一个或是半个色的眉粉 A 画眉毛。眉粉选择没有红晕感的暖色系褐色效果更好。

工具清单

A. 眉粉
得鲜 – 眉粉 自然褐色
B. 染眉膏
VDL – 睫毛膏 亮褐色

❷

将眼影 C 涂抹在整个眼窝上。如图所示，用无名指的指尖涂抹眼影更加简单方便。一定要记住，只有用无名指指尖涂抹才不会涂抹得过厚。

工具清单

C. 华丽闪亮的牛奶金色阴影膏
谜尚 – 阴影膏 金色

❸

涂抹范围为卧蚕厚度的 80%，下眼睑长度的三分之二（如图），要用小指指尖从前往后移动式涂抹。如果感觉用指头涂抹比较难，可以用专门的眼影刷。

工具清单

C. 华丽闪亮的牛奶金色阴影膏
谜尚 – 阴影膏 金色

❹

晕色刷 E 竖立，轻轻在眼影 D 上刷三次。若超过三次沾的眼影用量可能过多，容易造成眼窝的晕妆现象。用化妆刷蘸取眼影的方法都是相同的，在接下来的步骤中就不再提及了。

工具清单

D. 珠光闪亮的柔粉色眼影
魔法森林 – 单个眼影 S19 号
E. 晕色刷
魅可 – 239

❺

将眼影 D 以"之"字形方式涂抹在双眼皮里面，涂抹范围不能超出双眼皮。

工具清单

D. 珠光闪亮的柔粉色眼影
魔法森林 – 单个眼影 S19 号
E. 晕色刷
魅可 – 239

❻

用晕色刷 E 再次蘸取 D，再次按步骤 5 的范围涂抹眼影，并往上以画抛物线的方式涂抹整个眼窝（如图）。这样双眼皮处的颜色就会变得更深。涂抹时不要超过眼角的眼窝范围，到眼窝三分之二的位置后折返涂抹。为了避免涂抹过眼影的地方和没涂过眼影的地方有很明显的分界线，越往上走手越要放松，塑造出渐变感。

工具清单

D. 珠光闪亮的柔粉色眼影
魔法森林 – 单个眼影 S19 号
E. 晕色刷
魅可 – 239

❼

用晕色刷 E 蘸取眼影 F 后，在不超过双眼皮的范围里以"之"字形方式涂抹，这样色彩的鲜明度会更加明显。

E

F. 几乎不含珠光，色感清晰的橙红色眼影
伊蒂之屋 – 下午茶单色眼影 清爽西柚茶

F

E. 晕色刷
魅可 – 239

❽

再在瞳孔下方的下眼睑上涂上眼影 F。

工具清单

E

F. 几乎不含珠光，色感清晰的橙红色眼影
伊蒂之屋 – 下午茶单色眼影 清爽西柚茶

F

E. 晕色刷
魅可 – 239

❾

用重点刷 H 蘸取眼影 G 后，就像画眼尾似的将其涂抹在眼尾部分，之后以画过的眼尾部分为起点，沿着双眼皮线从后向前移动重点刷 H，涂抹开眼影。

工具清单

G. 略微有些泛红的，不含珠光的驼色眼影
魔法森林 – 单个眼影 M06 号

H

H. 重点刷
毕加索 – 777

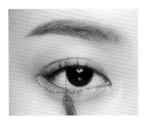

❿

以刚才步骤中画过的眼尾为起点，沿着下眼睑线移动到瞳孔开始的部分为止。这里需要注意的是，越往前颜色就越要自然地变淡。

工具清单

G. 略微有些泛红的，不含珠光的驼色眼影
魔法森林 – 单个眼影 M06 号

H

H. 重点刷
毕加索 – 777

⓫

这是完成步骤 10 的样子。前面涂抹的粉橙色眼影 F 和驼色眼影 G 自然地融合在一起。

工具清单

G. 略微有些泛红的，不含珠光的驼色阴影
魔法森林 – 单个眼影 M06 号

H

H. 重点刷
毕加索 – 777

⓬

用化妆刷沾眼线胶 I 涂抹在每根睫毛的空隙里，画出基本的眼线，要适当轻一点，才能体现自然美感。

工具清单

I

I. 黑色眼线凝胶
植村秀 – 手绘眼线笔 黑色

J

J. 眼线胶化妆刷
悦诗风吟 – 眼线胶用化妆刷

❸

在正面看向镜子的状态下，用眼线胶I画出约2厘米长的眼尾。眼尾往下垂会看起来比较善良，所以在整体呈半月形的基本眼线结束点往下画眼线。注意越到眼尾结束的部分，手的力度越要轻，逐渐从肌肤上拿下化妆刷，这样可以让你的眼尾画得非常干净整洁。

绝密小窍门

因为要体现出自然感，所以应在几乎不拉拽眼角肌肤的状态下，像画画一样画出眼线来。

工具清单

I. 黑色眼线凝胶
植村秀 – 手绘眼线笔 黑色
J. 眼线胶化妆刷
悦诗风吟 – 眼线胶用化妆刷

❹

将遮瑕笔K放在手背上，利用体温融化一下之后，再放在下眼睑，画一下整个眼睑。

绝密小窍门

灰色的遮瑕笔会显得有些土气，所以选用接近肤色的产品。

工具清单

K. 驼色遮瑕笔
PARIS BERLIN – 遮瑕蜡笔 217号

❺

用睫毛夹卷出卷翘的C形睫毛。

工具清单

L. 睫毛夹
蔻吉 – 睫毛夹 73号

❻

用睫毛夹卷翘过睫毛后，上眼皮的内眼皮容易外露出来，显得比较难看，因此要用眼线笔M自然填充一下。如果没有露出内眼皮可以省略此步骤。

工具清单

M. 褐色眼线笔
乐玩美研 – 流线型眼线液 褐色

❼

用睫毛膏N刷睫毛时不要只是横向涂刷，而是要竖向以"之"字形的方式涂刷，这样能让睫毛看起来更浓密。下睫毛也以同样的方法涂刷，打造出可爱洋娃娃般的眼神。

工具清单

N. 黑色睫毛膏
魅可 – 持久纤长睫毛膏

⑱

用睫毛棒 O 将睫毛整理一下。

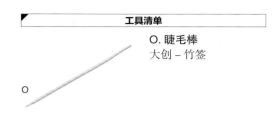

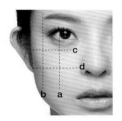

⑲

因为我们现在画的是少女妆，所以腮红定位非常重要。从瞳孔的后面或是不超过瞳孔的中间位置，画一条竖线 a，从眼尾外侧再画一条竖线 b，距离眼睛下方 1.5 厘米左右画一条水平线 c，鼻孔最向外突出的地方画一条水平线 d，在 a、b、c、d 四条线相交所形成的区域，涂上腮红，塑造出自然渐变的娇羞脸颊。

⑳

用腮红刷 Q 蘸取腮红 P 后，以步骤 19 中锁定的苹果区范围由里向外突出的部分为中心，用打圈的方式涂抹开。涂完设定的范围后，将刷子立起来就像抖刷子一样滚动式略微向外扩散一下，这样显得更加自然。

㉑

打上基本的高光和阴影。

㉒

用口红 V 塑造出咬唇妆。重点是要有饱满感，所以如果嘴唇比较薄，可以用遮瑕膏拓宽唇线（参考第 165 页的内容）。

适合任何眼型的
粉色妆容

　　粉色是清纯少女的代名词。但是亚洲人的眼睛上如果涂抹了粉红色眼影，眼窝就像肿了一样，所以粉色是一种使用时需要非常注意的眼影颜色。而略微减轻一下它的色调后，就可以在一定程度上解决这个问题。这款粉色妆容适合肤色比较亮的人，所以需要涂抹比自己的肤色亮一点的粉底，起到改善发黄肌肤的作用。另外，这款妆容更适合双眼皮，打造这款妆容时需要有光底妆的配合。

工具清单

EYE（眼部）
伊蒂之屋 - 下午茶单色眼影 蜂蜜牛奶、元气少女、紫色
　　　　　精灵
玫珂菲 - 眼影 D716、S710 号
魅可 - 单个眼影 柔米泽褐灰色
AIRTAUM - 眼影 62 号
PARIS BERLIN - 遮瑕蜡笔 217 号

EYE LINER（眼线）
魅可 - 眼线胶 黑色
乐玩美研 - 防水眼线液 深褐色

BROW & CURL（眉毛和睫毛）
珂莱欧 - 遮瑕膏
魅可 - 持久纤长睫毛膏
悦诗风吟 - 纤巧精细防水睫毛膏

FACE（面部）
玫珂菲 - 紧致粉底液 11 号

魅可 - 矿质高光修容粉饼 深褐色
菲诗小铺 - 气垫腮红 粉色

LIP（唇部）
AIRTAUM - 遮瑕膏
玫珂菲 - 艺术家唇彩 S200、500 号

TOOL（工具）
毕加索 - FB17、301、pony14、602、306、711、38
魅可 - 219，239
悦诗风吟 - 眼线胶用化妆刷
LOHBS - 遮瑕刷
VDL - 高光刷
微之魅 - 镊子
资生堂 - 睫毛夹
DUO - 假睫毛胶水
大创 - 竹签

❶

　　将沾有阴影 A 的晕色刷 B 的刷毛尖放在双眼皮线上，从眼角到眼尾来回涂抹 3~4 次。

工具清单

A. 不含珠光或是隐约含有珠光的冰淇淋色

伊蒂之屋－下午茶单色眼影 蜂蜜牛奶

B. 晕色刷

魅可－239

❷

　　放松握住晕色刷的手，用晕色刷 B 向上涂抹开阴影的分界线部分。然后用晕色刷上剩下的眼影 A 涂抹整个眼窝，除了眉骨和眼尾（黄线范围）的眉毛下方都要以"之"字形的方式来回涂抹，越到上面涂抹的面积越要变窄变小。

工具清单

A. 不含珠光或是隐约含有珠光的冰淇淋色

伊蒂之屋－下午茶单色眼影 蜂蜜牛奶

B. 晕色刷

魅可－239

❸

　　用晕色刷 B 蘸取眼影 C 之后，在不超过双眼皮的范围里以"之"字形移动化妆刷，塑造渐变感。这里的重点是从内眼角像豆角形状的部分开始涂抹，像钓鱼钩一样歪斜式地涂抹到眼尾部分。

工具清单

B. 晕色刷

魅可－239

C. 不含珠光或是隐约含有珠光的紫粉色眼影

伊蒂之屋－下午茶单色眼影 紫色精灵

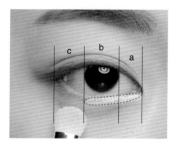

❹

　　将眼睛分为眼角的眼白 a、中间的瞳孔 b、眼尾部分的眼白 c 三份之后，用晕色刷 B 的刷毛尖蘸取阴影 D，轻薄地从 a 的范围涂抹到 b 的范围。这时候涂抹的眼影厚度不要超过卧蚕肉的三分之二，而且刷毛尖要轻轻竖立涂抹。

工具清单

B. 晕色刷

魅可－239

D. 含有华丽珠光的奶白色眼影

玫珂菲－单色眼影716 号

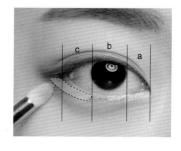

❺

　　用沾有眼影 E 的重点刷 F 轻薄地涂抹 c 范围，厚度跟涂抹 a、b 范围一样，因为眼尾要画得稍微长一些，所以涂抹时要长过 c 的范围。

工具清单

E. 不含珠光的驼色眼影

魅可－单个眼影 柔米泽褐灰色

F. 重点刷

魅可－219

❻

用眼线胶 G 画出基本的眼线，先不要完全填满睫毛的空隙。

工具清单

G. 黑色眼线凝胶
魅可 – 眼线胶 黑色
H. 眼线胶用化妆刷
悦诗风吟 – 眼线胶
用化妆刷

❼

正面看向镜子，在眼睛微眯的状态下，画出约 1 厘米长的眼尾。这时候画出来的感觉要像半月形，所以眼尾要向下画。如果想要强调眼神，眼线也可以画得稍微长一些。

绝密小窍门

眼线画得太粗，会让粉色的感觉减半，因此如果想要强调眼神时，比起画上粗粗的眼线，加长一下眼尾效果更好。

工具清单

G. 黑色眼线凝胶
魅可 – 眼线胶 黑色
H. 眼线胶用化妆刷
悦诗风吟 – 眼线胶
用化妆刷

❽

用晕色刷 J 蘸取眼线胶 I 后，沿着刚才画过眼线的分界线轻轻地晕染一下。注意不要用眼影覆盖眼线的整个厚度。

工具清单

**I. 不含珠光的橘色
眼影**
伊蒂之屋 – 下午茶
单色眼影 元气少女
J. 扁平的晕色刷
毕加索 – 306

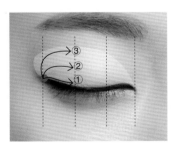

❾

用重点刷 F 沾眼影 K 之后，以眼影的最后部分（红色点）为始点，按照图中所指示的顺序，画到眼尾一字形眼窝后面三分之一处为止，塑造渐变感。这里需要注意的是涂抹的范围不能超过眼尾眼窝范围。

工具清单

**K. 不泛红的珠光微
闪卡其色眼影**
玫珂菲 – 单色眼影
S710 号
F. 重点刷
魅可 –219

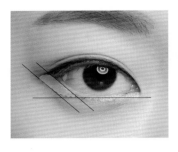

⑩

这次用化妆刷 J 蘸取眼影 K 之后，填充下眼线的重点范围（参考108-109 页）。这个步骤是为了使眼睛看起来更深邃。

工具清单

K. 不泛红的珠光微闪卡其色眼影
玫珂菲 – 艺术家单色眼影 S710 号

J. 扁平的晕色刷
毕加索 – 306

⑪

用重点刷 M 蘸取眼影 L，在内侧（黄线范围）多涂抹一些。比之前涂抹过的下眼线的重点部分（红线范围）浓一些。

工具清单

L. 眼影
AIRTAUM – 眼影 62 号

M. 重点刷
毕加索 – 711

⑫

用眼线液填满睫毛的每个空隙。

工具清单

N. 褐色眼线液
乐玩美研 – 流线型眼线液 深褐色

⑬

接下来要涂抹下眼线，使用前先将遮瑕笔在手背上画一下，以体温融化笔芯。

工具清单

O. 遮瑕笔
PARIS BERLIN – 遮瑕笔 217 号

⑭

用遮瑕笔 O 从下眼线的后面部分开始往前画，到了瞳孔的位置后稍微抬一下遮瑕笔，撤掉就行了，这样可以达到自然晕色的效果。

工具清单

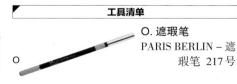

O. 遮瑕笔
PARIS BERLIN – 遮瑕笔 217 号

⑮

用镊子夹起一小段假睫毛 P。

工具清单

P. **假睫毛**
毕加索 – 38 号
Q. **镊子**
微之魅

⑯

用镊子夹好假睫毛后，使之垂直站立，来手沾取胶水。

工具清单

P. **假睫毛**
毕加索 – 38 号
Q. **镊子**
微之魅
R. **假睫毛胶水**
DUO – 假睫毛胶水

⑰

如果感觉睫毛线上的胶水沾多了，可以放在手背上略微蹭掉一些。

工具清单

P. **假睫毛**
毕加索 – 38 号
Q. **镊子**
微之魅
R. **假睫毛胶水**
DUO – 假睫毛胶水

⑱

大部分睫毛都长得不是很均匀，因此要像种睫毛一样，将假睫毛贴在睫毛稀疏的地方。

工具清单

P. **假睫毛**
毕加索 – 38 号
Q. **镊子**
微之魅

⓳

用睫毛夹把睫毛卷翘成C形后，在上面涂上睫毛膏T，虽然是淡妆，眼神也要楚楚动人，所以下睫毛也要涂上下睫毛专用睫毛膏U。

绝密小窍门

有时候用睫毛夹夹卷过睫毛后，上眼睑会有看起来比较难看的地方，这时候可以用褐色眼线胶自然地画一下眼线。

工具清单
S. 睫毛夹 资生堂 – 睫毛夹 T. 上睫毛专用黑色睫毛膏 魅可 – 持久纤长睫毛膏 U. 下睫毛专用黑色睫毛膏 悦诗风吟 – 纤巧轻盈防水睫毛膏

⓴

用睫毛棒整理一下上下睫毛。

绝密小窍门

需要注意假睫毛贴得太夸张，或是涂抹太过浓密的睫毛膏，会让粉色调的感觉减半。

工具清单
V. 睫毛棒 大创 – 竹签

㉑

为了让眉毛的纹理看起来更加饱满，眉毛的边缘不要过于夸张明显，画的时候要尽量画出自然感，这样才适合粉色调的童颜形象。

工具清单
W. 褐色眉笔 珂莱欧 – 眉粉 X. 眉粉刷 毕加索 – 301

㉒

高光可以省略掉，也可以少量涂抹，重点是一定要显得自然。然后打一点基本的阴影，但需要注意的是，阴影不能打得太过夸张，甚至打到了脸的前面，应在距离眉毛结束点1~2厘米之外的范围（粉色范围）。

工具清单
Y. 高光 思亲肤 – 彩虹粉饼4号 Z. 高光刷 毕加索 – pony 14 A-1. 阴影 魅可 – 清透美颜蜜粉饼 深褐色 B-1. 阴影刷 毕加索 – 602

以打圈的方式用腮红刷 D-1 蘸取粉色腮红 C-1 涂抹在两侧脸颊瞳孔结束点和鼻孔突出的点相交的范围。

工具清单
C-1. 粉色腮红
菲诗小铺 – 粉色气 垫腮红 4 号
D-1. 腮红刷
VDL – 高光刷

㉔

用遮瑕膏 E-1 遮盖一下唇线后，用遮瑕刷 F-1 蘸取唇彩 G-1 涂抹上即可。

工具清单
E-1. 遮瑕膏
AIRTAUM – 遮瑕膏
F-1. 遮瑕刷
Lohbs – 遮瑕刷
G-1. 浅驼色唇彩
玫珂菲 – 艺术家唇 彩 S200 号

㉕

用唇彩 H-1 涂满下嘴角，中间只涂一半即可。

工具清单
H-1. 紫罗兰色的唇 彩
玫珂菲 – 艺术家唇 彩 S500 号

㉖

参考第 162-163 页的内容，塑造渐变感咬唇妆后，尽显清纯美丽的粉色妆容就大功告成了。

工具清单
H-1. 紫罗兰色的唇 彩
玫珂菲 – 艺术家唇 彩 S500 号

释放小女人感的
珊瑚色妆容

不管流行趋势如何，珊瑚色是每一季都大受喜爱的颜色，同时也是非常适合亚洲女性的颜色。这一章节里我们就用珊瑚色打造一款妆容。这款妆容因为活用了驼色和褐色眼影来压制略显夸张的珊瑚色，因此，虽然唇妆和眼妆用相同的颜色，但看起来一点都不土气。你可以尽情享受如花般耀眼的眼睛、两颊，以及水润迷人的嘴唇。这是一款毫不逊色于日妆的富有女性美的妆容。这款彩妆需要有光肌底妆的配合，才会更显魅力。

工具清单

EYE（眼部）

思亲肤 - 矿物质甜糖三色眼影　1号

魅可 - 时尚焦点小眼影　珠光粉橙

伊蒂之屋 - 下午茶单色眼影　香香泡泡浴、爱如沙堆

芭妮兰蔻 - 单个眼影　BR01号

EYE LINER（眼线）

乐玩美研 - 流线型眼线液　褐色、深黑色

BROW & CURL（眉毛和睫毛）

得鲜 - 眉粉　自然褐色

魔法森林 - 双倍需求睫毛膏　褐色

FACE（面部）

玫珂菲 - 紧致粉底液　11号

珂莱欧 - 遮瑕膏　亚麻色

菲诗小铺 - 单色腮红　玫瑰红、杏色

思亲肤 - 彩虹粉饼　4号

悦诗风吟 - 双色眼影　3号

LIP（唇部）

玫珂菲 - 柔色霓彩唇膏　51号

TOOL（工具）

资生堂 - 睫毛夹

大创 - 竹签

魅可 - 239

毕加索 - FB17、306、777、301、Pony14、102、108

LOHBS - 遮瑕刷

AIRTAUM - 睫毛　6号

❶

　　用晕色刷 B 的刷毛尖蘸取 A 后，用刷毛的侧面涂满整个眼窝。本节中提到的所有眼影，如果不再单独提及，都需将化妆刷竖立后用刷毛尖蘸取 3 次所需用品。

工具清单

A. 含有珠光的驼色眼影
思亲肤 – 矿物质甜糖三
　　　　色眼影　1 号
B. 晕色刷
魅可 – 239

❷

　　蘸取眼影 C 后，将晕色刷毛尖水平放在双眼皮线上，从眼角开始刷到眼尾，来回涂抹 3~4 次。如此，单眼皮可以定位出双眼皮大小的范围，然后以相同的方法涂抹。

工具清单

C. 与肤色自然融合
的桃红色眼影
魅可 – 时尚焦点小
　眼影　珠光粉橙
B. 晕色刷
魅可 – 239

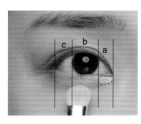

❸

　　将上眼线划分成眼角部位的眼白 a、中间瞳孔部分 b、眼尾部分的眼白 c 三份。然后，用晕色刷 B 蘸取眼影 D 涂在 a 的范围内，要注意涂抹的厚度不能超过卧蚕部分。

工具清单

D. 含有珠光的乳白色眼
影
伊蒂之屋 – 单色眼影
　　　香香泡泡浴
B. 晕色刷
魅可 – 239

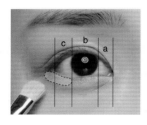

❹

　　再次用晕色刷 B 的刷毛尖蘸取眼影 A 后，让化妆刷从后往前移动，涂抹 c 的范围。如果有不自然的分层，可以用晕色刷晕开，使其自然连接在一起。先不要动中间 b 的范围。

工具清单

A. 含有珠光色的驼色眼
影
思亲肤 – 矿物质甜糖三
　　　　色眼影　1 号
B. 晕色刷
魅可 – 239

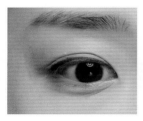

❺

　　眼睛呈微眯的状态，用眼线笔 E 干脆地填充睫毛根部。之后画出基本眼线，画到眼睛结束的部分就可以，先不要画眼尾的眼线。

工具清单

E. 不含珠光的褐色眼线
笔
乐玩美研 – 纤细眼线胶
　　　　褐色

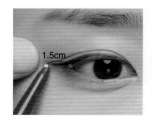

❻

　　在正面看向镜子的状态下，自然地睁开眼睛，用手稍微往两侧拽一下眼尾。之后用眼线笔 E 水平画出约 1.5 厘米长的眼线。

工具清单

E. 不含珠光的褐色眼线
笔
乐玩美研 – 纤细眼线胶
　　　　褐色

❼

用晕色刷 G 蘸取眼影 F，沿着眼线再画一遍，画眼线时眯着眼睛效果会更好一些。

工具清单
F. 不含珠光的深褐色眼影 芭妮兰蔻 – 单个眼影 BR01 号 **G. 扁平的晕色刷** 毕加索 – 306

❽

在正面看向镜子的状态下，自然地睁开眼睛，用晕色刷 G 蘸取眼影 F 之后，用刷毛尖将之前画好的眼尾略微晕开一下。眼线如果画得太清楚了，就减少了清纯感，因此要将其自然晕开。

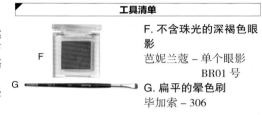

工具清单
F. 不含珠光的深褐色眼影 芭妮兰蔻 – 单个眼影 BR01 号 **G. 扁平的晕色刷** 毕加索 – 306

❾

将眼线笔放在睫毛根部，沿着之前画好的眼线，画一条比较细的眼线，可以最大化地减少晕染现象。

工具清单
H. 黑色眼线液 乐玩美研 – 流线型眼线液 深黑色

❿

用睫毛夹 I 夹出 C 形睫毛后，用手轻轻按一下眼窝，露出内眼睑部分，然后用眼线液 H 填满睫毛的空隙部分。注意不要用眼线液涂抹内眼睑，因为眼线液有害内眼睑健康。

工具清单
I. 睫毛夹 资生堂 – 睫毛夹 **H. 黑色眼线液** 乐玩美研 – 流线型眼线液 深黑色

绝密小窍门

用睫毛夹夹完睫毛后，可能会有露出内眼睑的情况，可以用眼线笔或是眼线胶画一下。如果使用眼线笔，在画之前先把眼线笔放在手背上滚动一下，让笔芯融化后再画效果更好。

⓫

将假睫毛 J 沿着基本眼线贴在眼睛上。（参考第 181-182 页内容）

工具清单
J. 假睫毛 AIRTAUM – 睫毛 6 号

⑫

用睫毛膏 K 涂刷上下睫毛。即使是淡妆也要让眼睛看起来明亮有神才行，所以下睫毛上也涂一些睫毛膏会更好。

⑬

用睫毛棒 L 再次整理一下 C 形睫毛，让睫毛看起来更自然，下睫毛也整理一下。

⑭

用晕色刷 B 蘸取腮红 M 后，涂抹在除去刚才眼睛两侧（a、c 范围）之外的卧蚕中间（b 范围）里面（黄色范围）。然后，不要超过卧蚕范围，在 a、b、c 范围的下方（黑色范围）轻薄地涂一层腮红 M。注意不要超过卧蚕部分，尽量只用刷毛尖涂抹。

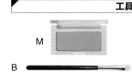

⑮

用重点刷 O 蘸取眼影 N 后，从画好的眼尾（红色点）开始到下眼线的三分之一（蓝色点）为止，填充下眼线的重点部分。（参考第 108~109 页内容）

⑯

用驼色遮瑕笔 P 画一下整个下眼睑。

⑰

用比自己的头发或是瞳孔亮一到一个半色的颜色画一下眉毛，选择不会泛红的暖褐色会更好一些。

工具清单	
	Q. 褐色眉笔 得鲜 – 眉粉 自然褐色 **R. 射线刷** 毕加索 – 301

⑱

接下来打上高光和阴影，用含有隐隐珠光的产品加大清纯感。

工具清单	
	**S. 高光** 思亲肤 – 彩虹粉饼 4 号 **T. 高光刷** 毕加索 – Pony 14 **U. 阴影** 悦诗风吟 – 双色眼影 3 号 **V. 阴影刷** 毕加索 – 102 号

⑲

现在锁定需要涂抹腮红的范围，眼尾末端所在竖线，以与鼻孔向下凹进去的部分所在水平线相交的点为起点，由内向外晕开腮红 W。这里的重点是不要画圆，而是画椭圆。要塑造透出点自然血色的感觉，一开始要涂得轻薄一点，然后多涂几次，直到涂出自己满意的效果。

工具清单	
	**W. 轻柔桃红色腮红** 菲诗小铺 – 单色腮红 杏色 **X. 腮红刷** 毕加索 – 108 号

⑳

将口红 Y 涂在双唇上。（参考第 162-163 页内容）

工具清单	
	**Y. 珊瑚色口红** 玫珂菲 – 柔色霓彩唇膏 51 号 **Z. 唇刷** LOHBS – 遮瑕刷

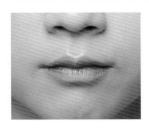

㉑

涂完后晕开颜色，达到自然晕染的效果。

工具清单	
	Z. 唇刷 LOHBS – 遮瑕刷

闪亮动人的女子组合
荧光粉色妆容

　　粉色是可以带来百分百可爱少女感的颜色，所以也是女子组合彩妆里常用的颜色。但是女子组合里的明星们所打造的粉色妆容和之前我们介绍过的日常粉色妆容是有一些区别的。用色彩的明亮度和荧光感更强一些的蜜桃色眼影打造出的粉色妆容，既可以表现出少女的娇柔感，又增添了性感魅力；恰到好处地运用粉质和霜质眼影，更能演绎出灯光下的存在感；配上闪亮动人的眼神和富有光泽的肌肤，尽显少女的可爱娇羞，所以推荐以有光底妆搭配这款妆容。

工具清单

EYE（眼部）

谜尚 – 阴影膏　金色

魔法森林 – 闪亮珠光四色眼影　珠光珊瑚色

AIRTAUM – 眼影　14 号

伊思 – 眼影　05 号

玫珂菲 – 钻石闪粉　5 号

EYE LINER（眼线）

魅可 – 眼线胶　深褐色

乐玩美研 – 流线型眼线液　褐色

BROW & CURL（眉毛和睫毛）

得鲜 – 眉粉　自然褐色

奇士美 – 纤长卷翘睫毛膏

FACE（面部）

植村秀 – 小灯泡光感粉底液　774 号

AIRTAUM – 遮瑕膏

悦诗风吟 – 双色眼影　3 号

思亲肤 – 彩虹粉饼　4 号

谜尚 – 腮红　浅珊瑚色

LIP（唇部）

PARIS BERLIN – 遮瑕蜡笔　CR217 号

玫珂菲 – 柔色霓彩唇膏　N40 号

　　　　　　艺术家唇彩　S200 号

TOOL（工具）

魅可 – 239

毕加索 – FB 17、Proof 14、306、777、102、501

VDL – 高光刷

资生堂 – 睫毛夹

AIRTAUM – 睫毛　娃娃眼

微之魅 – 镊子

大创 – 竹签

❶

用小指蘸取眼影 A 后涂抹在整个眼窝上。

❷

手指蘸取闪粉 B 后用相同的方法涂抹在同样的范围里。多来回涂抹几次会让眼神更加闪亮惹人爱。

绝密小窍门

使用闪粉产品时，蘸取产品瓶盖上的粉，会更容易调节用量。

❸

用晕色刷 D 的刷毛尖蘸取 3 次眼影后，以"之"字形方式涂抹在整个上眼皮上。如果接下来的步骤里没有再单独提及化妆刷蘸取眼影的方法，则方法相同。

❹

女子组合里粉色妆容的眼线都是越到最后越细长。重点是整体上看起来不厚，妆容整洁干净。用化妆刷 F 蘸取眼线胶 E 后画一下基本眼线，不要画眼尾，也不要画得过细，与眼线刷的刷毛厚度一样即可。

❺

用眼线胶画出一条长 1.5~2 厘米的眼尾。越是到了最后，越要以稍微往上提的手法画眼线。轻拉一下眼尾之后再画眼线会更容易。

6

用晕色刷 H 的刷毛尖蘸取眼影 G 后，沿着刚才画过眼线的边线，晕染开眼影。需要注意，眼影不能比眼线部分粗。

工具清单

G. 混有珠光的深褐色眼影
魔法森林 – 闪亮珠光四色眼影 珠光珊瑚色

H. 扁平的晕色刷
毕加索 – 306

7

用化妆刷 H 上剩下的眼影 G 涂在眼尾部分，比刚才用眼线胶画过的眼线略微长一些，再将眼尾部分略微晕开。

工具清单

H. 扁平的晕色刷
毕加索 – 306

8

将眼睛前侧的眼白、中间的瞳孔、后侧眼白分成三份（如图），用晕色刷 D 蘸取眼影 I，在下眼线上画出不超过卧蚕厚度三分之二的眼影。

工具清单

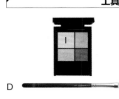

I. 散发隐隐珠光的香草淇淋色眼影
魔法森林 – 闪亮珠光四色眼影 珠光珊瑚色

D. 晕色刷
魅可 – 239

9

像要挡住眼角一样，用晕色刷 D 蘸取眼影 I，画出菜豆般的形状。

工具清单

I. 散发隐隐珠光的香草淇淋色眼影
魔法森林 – 闪亮珠光四色眼影 珠光珊瑚色

D. 晕色刷
魅可 – 239

10

用晕色刷 D 的刷毛尖蘸取眼影 J 后，以步骤 8~9 中相同的厚度，画一下瞳孔下方部分。

工具清单

J. 混有珠光的珊瑚色眼影
魔法森林 – 闪亮珠光四色眼影 珠光珊瑚色

D. 晕色刷
魅可 – 239

用眼线笔 K 填一下整个下眼睑。

工具清单

K. 褐色眼线笔

乐玩美研 – 纤细眼
线胶笔 褐色

⑫

用重点刷 M 蘸取眼影后，在眼线的重点范围内涂抹米粒大小的眼影。这时涂抹的范围不能超过图中的水平线，而且不要涂得太浓。

工具清单

L. 闪亮珠光的卡其金色眼影

AIRTUAM – 眼影
14 号

M. 重点刷

毕加索 – 777

⑬

用睫毛夹 P 夹出 C 形卷翘睫毛，涂上睫毛膏 O 之后用睫毛棒 Q 整理一下。然后贴上像女子组合一样浓密纤长的假睫毛 N，就可以塑造出明星般的美丽妆容了。

绝密小窍门

用睫毛夹夹过睫毛后，上眼皮容易露出不好看的内眼睑，可以用褐色眼线笔自然填充一下。

工具清单

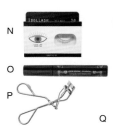

N. 假睫毛

AIRTAUM – 睫毛
娃娃眼

O. 黑色睫毛膏

奇士美 – 浓密卷翘
睫毛膏

P. 睫毛夹

资生堂 – 睫毛夹

Q. 睫毛棒

大创 – 竹签

⑭

用阴影 R 和高光 T 打一下基本部位。（参考第 4 章内容）

工具清单

R. 阴影

悦诗风吟 – 双色眼
影 3 号

S. 阴影刷

毕加索 – 102

T. 高光

思亲肤 – 彩虹粉饼
4 号

U. 高光刷

毕加索 – Pony 14

⓯

用腮红刷 W 蘸取腮红 V 后，涂抹在前面和侧面的整个脸颊，强调出红扑扑的娇羞感。

工具清单

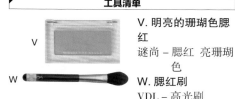

V

V. 明亮的珊瑚色腮红
谜尚 – 腮红 亮珊瑚色

W

W. 腮红刷
VDL – 高光刷

⓰

先用遮瑕笔 X 画出嘴唇的基本形状，之后用唇刷 Z 蘸取口红 Y，晕色一下。

工具清单

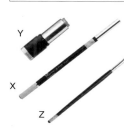

Y

X

Z

X. 遮瑕笔
PARIS BERLIN – 蜡笔遮瑕笔 CR217 号
Y. 粉橙色口红
玫珂菲 – 柔色霓彩唇膏
Z. 唇刷
毕加索 – 501

⓱

只在唇峰和轮廓上涂抹口红 A-1 。

工具清单

A-1

A-1. 色感柔和的浅粉色口红
玫珂菲 – 艺术家唇彩 S200 号

⓲

这款妆容比较适合褐色头发，因此可以用略微有些泛黄颜色的眉粉 B-1 画一下眉毛。眉毛呈一字形或是射线形，效果好一些。

工具清单

B-1

B-1. 眉粉
得鲜 – 眉粉盘 自然褐色

自 然 日 常 的
阴影妆容

阴影妆这几年一直比较流行，但你是否也曾苦恼过别人画了立刻变女神，而自己画了之后就像是黑眼圈未消一样呢？这一节为大家讲解日常生活中非常有用的自然阴影妆，告诉大家如何使用多种颜色的阴影却不弄花妆容，且能演绎得非常自然。除了水光肌和亚光肌之外的底妆都非常适合画阴影妆，可以根据自己的喜好选择适合的底妆。

工具清单

EYE（眼部）
魅可 – 单个眼影 荞麦色、复古怀旧、古铜色、暗褐色

EYE LINER（眼线）
乐玩美研 – 流线型眼线液 褐色、深褐色

BROW & CURL（眉毛和睫毛）
魅可 – 持久纤长睫毛膏
珂莱欧 – 遮瑕膏
伊蒂之屋 – 下午茶单色眼影 牛奶蜂蜜

FACE（面部）
圣罗兰 – 明彩丝柔粉饼 浅棕色
AIRTAUM – 遮瑕膏
思亲肤 – 彩虹粉饼 4 号
悦诗风吟 – 双色眼影 3 号

TOOL（工具）
毕加索 – FB 17、709、Pony 14、102、301、38 号镊子
魅可 – 217、239
LOHBS – 遮瑕刷
资生堂 – 睫毛夹
大创 – 竹签

LIP（唇部）
芭比波朗 – 悦虹唇膏 玫紫

❶

　　将沾有眼影 A 的晕色刷 B 的刷毛尖放在双眼皮上，从眼角开始到眼尾，来回涂 3~4 次。在接下来的步骤中，如果没有再提到如何用化妆刷蘸取眼影，可以垂直竖立好化妆刷后，点 3 下眼影即可。

工具清单

A. 几乎不含珠光的浅驼色眼影
魅可 – 单个眼影 荞麦色
B. 晕色刷
魅可 – 217

❷

　　握住晕色刷 B 的手不要用力，将剩下的眼影 A 在除去眉骨和眼角前面部分的整个眼窝，以"之"字形方式来回涂抹。

工具清单

A. 几乎不含珠光的浅驼色眼影
魅可 – 单个眼影 荞麦色
B. 晕色刷
魅可 – 217

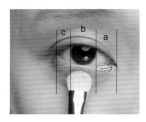

❸

　　将下眼线分为眼角部位的眼白 a、瞳孔 b、眼尾后的眼白 c 三份。用重点刷 D 的刷毛尖蘸取眼影后，在 a 的范围里从外往里涂抹。这里需要注意的是，涂抹的范围不要超过卧蚕厚度的三分之二。

工具清单

C. 散发隐隐珠光的驼色眼影
魅可 – 单个眼影 复古怀旧
D. 重点刷
魅可 – 239

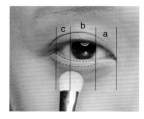

❹

　　以相同的方法用重点刷 D 将眼影 E 涂抹在 b 和 c 的范围里。

工具清单

E. 比 A 的颜色略微泛黄一些或是隐约含有珠光的眼影
魅可 – 单个眼影 古铜色
D. 重点刷
魅可 – 239

❺

　　以步骤 2 里涂抹的范围涂抹眼影 E，使其自然地和 A 连接在一起。

工具清单

E. 比 A 的颜色略微泛黄一些或是隐约含有珠光的眼影
魅可 – 单个眼影 古铜色
D. 重点刷
魅可 – 239

❻

　　将眼线笔 F 干脆地贴在睫毛的根部，画出基本的眼线，先不要画眼尾部分。

工具清单

F. 不含珠光的褐色眼线笔
乐玩美研 – 纤细眼线胶
褐色

❼

在正面看向镜子的状态下，睁着眼睛画出一条长 0.5 厘米以内的眼尾。眼尾太长，人为感也会随之变强。眼尾部分稍微晕开，可达到一种似画非画、比较有深度的感觉。注意眼尾不要画得太细。

❽

用重点刷 H 蘸取眼影 G，略微用一点力度，将用眼线笔画出来的眼线晕开，塑造烟熏的感觉。注意先不要动眼尾。

❾

握住重点刷 H 的手完全放松，将剩下的眼影 G 以之字形移动涂抹在双眼皮上，使刚才烟熏过的范围自然重叠在一起。

绝密小窍门

如果没有双眼皮，可以画到当眼睛睁开时能够看见眼睛上的颜色为止，以相同的方法使其自然重叠在一起。

❿

用刷毛尖蘸取眼影 G，稍微拽一下眼睛，自然涂开，塑造烟熏感。

⓫

将化妆刷 H 上剩下的眼影涂抹在下眼线的重点范围里。越是到了瞳孔部分，握住化妆刷的手越要放松，让下眼影和眼线自然重叠在一起。

⓬

用眼线液 I 仔仔细细地填满每根睫毛的空隙。

⓭

用睫毛夹卷翘出自然 C 形睫毛。如果觉得睫毛的卷曲度过大，可以用烧热的睫毛棒（参考 127 页内容）往上扫几下，塑造自然卷翘的睫毛。

绝密小窍门

用睫毛夹卷过睫毛后，有时内眼睑会露出来，这时候可以用褐色的眼线笔或是眼线胶，沿着内眼睑露出来的部分填充一下。

工具清单

J. 睫毛夹
资生堂 – 睫毛夹
K. 睫毛棒
大创 – 竹签

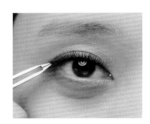

⓮

将假睫毛 L 贴在基本眼线上，这里需要注意的是假睫毛不能超过眼尾。

工具清单

L. 假睫毛
毕加索 – 38 号
M. 镊子
微之魅 – 镊子

⓯

涂上自然型的睫毛膏 N，注意一定要自然。

工具清单

N. 黑色睫毛膏
魅可 – 持久纤长睫毛膏

⓰

再次用睫毛棒整理一下睫毛，让睫毛更顺滑，更牢固。

工具清单

K. 睫毛棒
大创 – 竹签

⓱

为了强调出眼神的深邃感，可以用不含珠光的褐色眼线笔 F 在下眼角的眼白部分画一下。按照图中箭头指示方向画，越到箭头末端，握住化妆刷的手就越要放松，以达到眼线自然消失的效果。

工具清单

F. 不含珠光的褐色眼线笔
乐玩美研 – 纤细眼线胶
褐色

⑱

　　用眉粉 O 自然填充一下眉毛有空隙的地方，眉尾和眉毛的外面轮廓不要画得太明显，要像似涂非涂一般，打造出自然的感觉。

⑲

　　用眼影 Q 在眉骨上涂一层，塑造眉毛的立体感。

⑳

　　这款妆容可以省略高光，想要加一点时，可以选择不含珠光的高光或是比较明亮的修容粉 R，用高光刷 S 蘸取后涂抹在高光的基本范围，塑造立体感。

㉑

　　这款妆容不需要腮红，但阴影一定要打得充分才行。特别是侧面的颧骨部分，阴影要打得略微重一些，这样会让面部轮廓更清晰。

㉒

　　这是一款淡淡的阴影眼妆，但如果连嘴唇上都用驼色或是褐色系列的唇类产品，会容易显老，因此要用唇刷 W 蘸取口红 V 后塑造渐变的感觉。

绝密小窍门

　　不管是什么颜色的口红都适合阴影妆，但亚光效果的产品会更合适一些，最好不要用非常水润的唇膏或是珠光闪闪的唇彩类产品。

神 秘 幽 深 的
紫红色阴影妆容

　　前一节我们已经熟悉了阴影妆的基本画法，现在是不是应该慢慢地学会应用了呢？如果你觉得阴影就一定要用驼色或是褐色，那现在就需要改变这种想法了。将紫红色添加到阴影妆里，完成一款比较有氛围感的美丽妆容，会让冬季系彩妆别有一番风韵。这款妆容也很适合想要用一款特别的妆容，让自己的脸更幽深的时候。基底妆的要求是有光或是丝滑亚光。

工具清单

EYE（眼部）
玫珂菲 - 眼影 M646、S710、ME614、M546 号

EYE LINER（眼线）
K-PALETTE（日本美妆品牌）- 眼线笔 3 号
乐玩美研 - 防水眼线液 深褐色、褐色

BROW & CURL（眉毛和睫毛）
植村秀 - 砍刀眉笔 褐色
得鲜 - 眉粉 自然褐色
魅可 - 持久纤长睫毛膏

FACE（面部）
玫珂菲 - 紧致粉底液 11 号
珂莱欧 - 遮瑕膏 亚麻色
思亲肤 - 彩虹粉饼 4 号
魅可 - 矿质高光修容粉饼 深褐色
CATRICE - 粉饼 010 号
悦诗风吟 - 双色眼影 3 号

LIP（唇部）
纳斯 - 唇笔 李子红

TOOL（工具）
魅可 - 217、239
毕加索 - FB17、102、108、501、707、709、777、Pony14
微之魅 - 镊子
AIRTAUM - 睫毛 1 号
资生堂 - 睫毛夹
大创 - 竹签
LOHBS - 遮瑕刷

❶

　　将沾有眼影 A 的晕色刷 B 的刷毛尖放在双眼皮线里面，沿眼角向眼尾方向来回刷 3~4 次（1 号范围），放松握住化妆刷的手，将剩下的眼影 A 涂抹在除眉骨和眼角外的眉毛正下方（2 号范围）。本节中所使用的所有眼影，如没有提及使用方法，都是将化妆刷竖立起来用刷毛尖轻轻地点三下眼影产品。

工具清单
A. 不含珠光的亮褐色眼影 玫珂菲 – 眼影 M646 号 B. 晕色刷 魅可 – 217

❷

　　用晕色刷 D 蘸取眼影 C 后，用刷毛尖涂抹在整个下眼线上，厚度是卧蚕的一半或是三分之二即可。

工具清单
C. 隐约含有珠光的粉褐色眼影 玫珂菲 – 眼影 S710 号 D. 晕色刷 魅可 – 239

❸

　　将眼线笔 E 干脆地放在睫毛根部，画出基本的眼线，涂到睁开眼睛后略微能够看出来即可。如果涂得过厚就有可能变成烟熏妆，所以需要注意这一点。先不要画眼尾。

工具清单
E. 不含珠光的褐色眼线笔 K–Palette – 眼线笔 3 号

❹

　　如果眼尾本身下垂，为了让整个眼线比较均匀，可以在眼线的后面部分再用眼线笔 E 画一下。

工具清单
E. 不含珠光的褐色眼线笔 K–Palette – 眼线笔 3 号

❺

　　稍微拽一下眼睛两侧的肉，然后水平画出一条不足 1 厘米的眼线尾部。

工具清单
E. 不含珠光的褐色眼线笔 K–Palette – 眼线笔 3 号

❻

　　画出的眼尾可能和基本眼线之间有一定的空缺，这一部分可以用眼线笔 E 填一下，让眼线更自然。

工具清单
E. 不含珠光的褐色眼线笔 K–Palette – 眼线笔 3 号

❼

用晕色刷 G 蘸取眼影 F 后，稍微晕开前面画过的眼线，只要晕开刷毛尖厚度即可。

工具清单

F. 混有珠光的深褐色眼影

玫珂菲 – 眼影 ME614 号

G. 晕色刷

毕加索 – 709

❽

稍微拽一下眼睛两侧的肉，然后再次用晕色刷 G 蘸取眼影 F 晕开眼尾。要晕开的长度大于刚才画的基本眼线的长度，眼尾不要画得太细，略微有些粗厚的形状更适合这款妆容，也会显得更加自然一些。

工具清单

F. 混有珠光的深褐色眼影

玫珂菲 – 眼影 ME614 号

G. 晕色刷

毕加索 – 709

❾

用晕色刷 G 上剩下的眼影，填充下眼线的重点范围。

工具清单

F. 混有珠光的深褐色眼影

玫珂菲 – 眼影 ME614 号

G. 晕色刷

毕加索 – 709

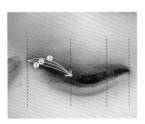

❿

用尺寸较小又比较有力度的子弹型重点刷 I 蘸取眼影 H 后，以画好的眼尾为起点，从眼尾起到瞳孔结束的点（红点）为止，从前往后涂开，厚度跟双眼皮一样。如果眼睛浮肿，可以用相同的方法涂抹到一字眼窝为止。

工具清单

H. 不含珠光的灰褐色眼影

玫珂菲 – 眼影 M546 号

I. 重点刷

毕加索 – 777

⓫

就像画字母 C 一样，用眼影 H 填充眼睛后面的部分，为了不留下边线感，要少量涂抹，只要强调出深度即可。

工具清单

H. 不含珠光的灰褐色眼影

玫珂菲 – 眼影 M546 号

I. 重点刷

毕加索 – 777

⓬

用眼影 H 向眼尾深处的内测再涂一下，跟卧蚕的厚度一样即可。

工具清单

H. 不含珠光的灰褐色眼影

玫珂菲 – 眼影 M546 号

I. 重点刷

毕加索 – 777

⓭

用眼线液 J 填一下睫毛的空隙，然后贴上比较自然的假睫毛 K。如果自己的睫毛本身就已经很长，可以省略这个步骤。

工具清单

J. 褐色眼线液
乐玩美研 – 防水眼线液
深褐色

K. 假睫毛
AIRTAUM – 睫毛 1 号

绝密小窍门

用睫毛夹卷过睫毛后，有时内眼睑会露出来，这时候可以用褐色的眼线笔或是眼线胶，沿着内眼睑露出来的部分填充一下。

⓮

这款妆容的关键是自然，所以不需要太卷翘的 C 形睫毛，只要用睫毛夹 L 自然卷翘一下就可以。如果感觉有点太卷，可以用睫毛棒 M 扫几下，使之自然舒展开。

工具清单

L. 睫毛夹
资生堂 – 睫毛夹

M. 睫毛棒
大创 – 竹签

⓯

涂上不是很浓密或黑色自然型睫毛膏 N。如果睫毛比较长比较粗，可以使用专用的睫毛膏，关键是要自然。再次用睫毛棒 M 整理一下睫毛，让睫毛更顺滑、牢固。

工具清单

N. 黑色睫毛膏
魅可 – 持久纤长睫毛膏

M. 睫毛棒
大创 – 竹签

⓰

为了强调出眼神的深邃感，用不含珠光的褐色眼线笔 O 在下眼线的整个眼睑或是从眼角开始到瞳孔结束的部分画一下。越往后，越要画得浅一些，突出自然感。

工具清单

O. 褐色眼线笔
乐玩美研 – 防水眼线笔
褐色

⓱

用眉粉 Q 和眉笔 P 自然填充一下眉毛有空隙的地方，眉尾及其外轮廓不要画得太明显，要像似涂非涂一般，打造出最自然的感觉。

工具清单

P. 眉笔
植村秀 – 砍刀眉笔
褐色

Q. 眉粉
得鲜 – 眉粉 自然褐色

⑱

这款妆容可以省略高光，如果想要加一点，可以选择不含珠光的高光或是比较明亮的修容粉R，用高光刷S蘸取后涂抹在高光的基本范围上，塑造立体感。

工具清单

R. 高光
思亲肤 – 彩虹粉饼 4号
S. 高光刷
毕加索 – Pony 14

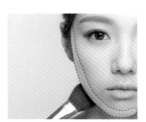

⑲

可以不打腮红，但阴影一定要明确地打上。用阴影刷U蘸取阴影T在U形区打上阴影。

工具清单

T. 阴影
魅可 – 矿质高光修容粉 饼 深褐色
U. 阴影刷
毕加索 – 102

⑳

用阴影刷W蘸取阴影V，像要包裹住颧骨一样，以射线的方式，塑造一个躺着的鸡蛋形阴影。要注意阴影的范围不能进入眼尾以内。

工具清单

V. 阴影
CATRICE – 粉饼 010号
W. 阴影刷
毕加索 – 108

㉑

用鼻影刷Y沾上阴影X后打上鼻影。

工具清单

X. 阴影
悦诗风吟 – 双色眼影 3号
Y. 鼻影刷
毕加索 – 707

㉒

用唇笔Z填充嘴唇的内侧范围后，用唇刷A-1打上层次。如果没有唇刷也可以用棉棒。

绝密小窍门

不管什么颜色的口红都适合阴影妆，但亚光产品更适合一些。最好不要用非常水润的唇膏或是珠光闪闪的唇彩类型的产品。

工具清单

Z. 紫红色唇笔
纳斯 – 唇笔 李子红
A-1. 唇刷
毕加索 – 501

㉓

用Z再涂一下嘴唇中央，塑造出丰满感后，这款妆容就完成了。

工具清单

Z. 紫红色唇笔
纳斯 – 唇笔 李子红
A-1. 唇刷
毕加索 – 501

梨 花 带 雨 的 清 纯

红色阴影妆容

若你想让自己看起来像一个既有故事又清纯的邻家小女人，可以尝试下这款红色阴影妆（红颜裸妆）。该款妆容活用红色系列的眼影，略微塑造出一种哽咽过的感觉，双唇用淡红色系的口红配合整个面部色系，能够演绎出深沉兼具清纯的氛围感。你会发现我们不用驼色和褐色也可以充分打造一款阴影妆，关键是活用多种色系的阴影。因为要强调出红色，所以妆容的关键点就是要自然，丝滑亚光肌底妆更适合打造这款妆容。

工具清单

EYE（面部）
玫珂菲 - 眼影 M646、S710、I520、S642 号
魅可 - 眼影 热辣红色
芭妮兰蔻 - 单个眼影 BR01 号

EYE LINER（眼线）
植村秀 - 手绘眼线笔 褐色
乐玩美研 - 流线型眼线液 褐色

BROW & CURL（眉毛和睫毛）
奇士美 - 鼻影粉 01 号
植村秀 - 砍刀眉笔 深褐色
魅可 - 持久纤长睫毛膏

FACE（面部）
玫珂菲 - 紧致粉底液 11 号
AIRTAUM - 遮瑕膏
玫珂菲 - 塑形刷 18 号
思亲肤 - 彩虹粉饼 4 号
悦诗风吟 - 双色眼影 3 号

LIP（唇部）
玫珂菲 - 柔色霓彩唇膏 44 号

TOOL（工具）
魅可 - 217、219、239
毕加索 - FB17、Pony14、108、102、501
思亲肤 - 眉粉刷
蔻吉 - 睫毛夹 73 号
大创 - 竹签

❶

　　画眉毛时，只需填充一下有空隙的地方，画得自然一些。填充完空隙后，观察眉毛形状，再修正一下眉尾，注意眉毛的边缘不要画得太清楚。

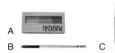

❷

　　用晕色刷 E 蘸取眼影 D 后，刷毛尖放在双眼皮里面，从眼角开始画到眼尾位置，来回涂抹 3~4 次。接下来的步骤里若未单独提及，眼影的涂抹方法都相同。

❸

　　放松握住晕色刷 E 的手，将剩下的眼影 D 填满整个眼窝部分。

❹

　　将眼影 F 涂抹在刚才涂抹过眼影 D 的范围里，层叠一层泛红的感觉。红色是不好掌控的颜色，选用橙色系眼影和红色相混合、涂抹起来比较光滑的产品效果更好。涂抹这类产品，要选择刷毛量适中的晕色刷。

❺

　　用晕色刷 G 蘸取眼影 H 后，将化妆刷呈水平方向，以卧蚕厚度的 80% 开始整体扫一遍下眼线。虽然跟眼窝上使用眼影的色系比较相近，但因为涂抹的颜色更浅，不会显得特别强烈，只是加强了幽深的感觉。

❻

　　用晕色刷 G 稍微蘸取一些眼影 F，将其涂抹在瞳孔正下方的卧蚕上。

工具清单

F. 丝滑质感，含有珠光的橙色眼影
魅可 – 眼影 热烈红色
G. 晕色刷
魅可 – 239

❼

　　用重点刷 J 蘸取眼影 I 后，涂在眼角眼窝外侧向里凹陷的部分。另外，打上一点高光会让眼睛的轮廓更加清晰动人。

工具清单

I. 丝滑的驼色珠光眼影
玫珂菲 – 眼影 I520 号
J. 重点刷
魅可 – 219

❽

　　改用晕色刷 G 在眉骨上涂抹眼影 I（如图）。这时候涂抹，不会出现晕色现象，能塑造出干净整洁的眼妆。

工具清单

I. 丝滑的驼色珠光眼影
玫珂菲 – 眼影 I520 号
G. 晕色刷
魅可 – 239

❾

　　用眼线刷 L 沾眼线胶 K 均匀地填在睫毛间的空隙里。因为是一款强调红色的妆容，所以眼线要画得非常自然。先不要画眼尾。

工具清单

K. 不含珠光的深褐色笔质眼线胶
植村秀 – 手绘眼线笔 褐色
L. 眼线刷
毕加索 – Proof 14

❿

　　在正面看向镜子的状态下，用眼线胶 K 在眼尾处画一条长 0.5 厘米以内的眼尾。因为眼线的关键是自然，所以眼尾要画得短一点。

工具清单

K. 不含珠光的深褐色笔质眼线胶
植村秀 – 手绘眼线笔 褐色
L. 眼线刷
毕加索 – Proof 14

⓫

　　用扁平的晕染刷 N 的刷毛尖蘸取非常少量的眼影 M，略微晕开一下眼尾的边线。要注意手一旦用力就会加大晕染刷的力度，容易晕得太严重，所以力度一定要控制好。暖褐色系列的眼影效果会更好一些。

工具清单

M. 不含珠光的深褐色眼影
芭妮兰蔻 – 单色眼影 BR01 号
N. 晕染刷
毕加索 – 306

⑫

用晕染刷 N 上剩下的眼影，晕染眼线。因为已经用眼线胶填充了睫毛的空隙，所以只要轻轻扫一下即可。注意涂抹范围的厚度绝对不能超过眼线的厚度。

工具清单

N. 晕染刷
毕加索 – 306

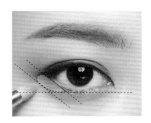

⑬

用阴影 O 填充下眼线的重点范围。不要涂抹得太浓，要塑造出非常轻薄的阴影感。

工具清单

O. 丝滑珠光般的淡驼色眼影
玫珂菲 – 眼影 S642 号
J. 重点刷
魅可 – 219

⑭

用睫毛夹 P 自然卷翘一下睫毛。这款妆容强调的是用淡淡的红色阴影制造氛围感，所以若睫毛打造得过于像偶像明星，就跟这款妆容有点不搭调了。

工具清单

P. 睫毛夹
蔻吉 – 睫毛夹 73 号

⑮

用睫毛夹卷过睫毛后，有时内眼睑会沿着眼睛的形状露出来，这时候可以用褐色的眼线笔或是眼线胶，沿着内眼睑露出来的部分填充一下。

工具清单

Q. 不含珠光的褐色眼线笔
乐玩美研 – 纤细眼线胶褐色

⑯

选择能自然地让睫毛变长的睫毛膏涂在睫毛上，然后用睫毛棒梳理一下睫毛即可。

工具清单

R. 黑色睫毛膏
魅可 – 持久纤长睫毛膏
S. 睫毛棒
大创 – 竹签

⑰

用散发隐隐光泽的高光产品，打造出基本的高光。

工具清单

T. 高光
思亲肤 – 彩虹粉饼 4 号
U. 高光刷
毕加索 – Pony 14

⑱

锁定腮红的涂抹范围：以眼尾眼白结束的位置为起点向下画一条直线，再以鼻孔向下凹进去的地方为起点画一条水平线，以两线相交的点为起始点，涂抹腮红 V。要干脆地涂在脸的侧面，才不仅能增加肌肤血色，还能有效地凸显侧面的轮廓。

工具清单
　V. 珊瑚色腮红 玫珂菲 – 塑形刷 18 号 W. 腮红刷 毕加索 – 毕加索 108

⑲

仔细涂抹基本的阴影，让面部轮廓更清晰。

工具清单
　X. 阴影 悦诗风吟 – 双色眼影 3 号 Y. 阴影刷 毕加索 – 102

⑳

用口红 Z 重复地涂抹嘴唇。混有比较多橙色的红色，或者是色感比较高的红色，会显得有些土气，选择色系居中的红色会与整款妆容更搭配。

绝密小窍门

不管是什么颜色的口红都适合阴影妆。但亚光效果的产品更适合一些，最好是不要用非常水润的唇膏或是珠光闪闪的唇彩。

工具清单
　Z. 色系比较中和的红色口红 玫珂菲 – 柔色霓彩唇膏 44 号 A–1. 唇刷 毕加索 – 501

第九章
魔力烟熏妆

化妆工具

EYE（眼部）

衰败城市 – 一代裸妆眼影盘 闪烁玛瑙、哑致棕色、哑致裸色、闪烁米色

EYE LINE（眼线）

魅可 – 眼线笔

乐玩美研 – 防水眼线液 深黑色

BROW & CURL（眉毛和睫毛）

得鲜 – 眉粉 自然褐色

魅可 – 浓密炫翘防水睫毛膏 黑色

FACE（面部）

魅可 – 定制无暇粉底液 NC15号

佳丽宝 – 腮红 3号

魅可 – 矿质高光修容粉饼 深褐色

LIP（唇部）

ESSENCE – 口红 07号

烟熏妆

对女人来说烟熏妆是一款想要挑战，但又担心画了之后会让自己的形象显得太强太凶而不敢尝试的妆容；或是因为尝试过一次没有得到好评，继而缺乏继续尝试的勇气的妆容。烟熏妆看起来太浓烈或是太夸张的原因是什么呢？其要点就在连接上眼线和下眼线的重点眼影范围上。如果用眼线将眼睛上下连接在了一起（参考第5章下眼线重点范围的涂抹方法），那么整个眼睛就像是被眼线包围了一样，无法塑造出完美的理想状态，反而会让眼睛变得有些奇怪，突出烟熏妆的缺点。情况再严重点就是让你一不小心变成了"可怕大姐"的形象。烟熏妆的最大魅力是能够带来幽深感、神秘感和偶尔的小性感，如果想要有效地达到这种效果，那就要从以下问题入手。

以接受的范围里，调节一下妆容的强度，试一下烟熏妆，体验一下不同的风格。也可以当成自己的一次转型，多一次了解什么妆容更适合自己的机会。

仔细查看一下上面的图片，左边是只画了基本眼线的眼睛，右边是化了烟熏妆后的眼睛。即便是同一个人的眼睛，化过烟熏妆的眼睛看起来往侧面拉长了，更加幽深。之所以出现这种差异，是因为烟熏妆中下眼线的重点范围比一般的眼影或是自然妆里的重点范围更浓更宽。烟熏妆的核心不在于眼窝上的深色眼影有多么上扬，或是下眼线画得有多么浓，而是下眼线的重点范围和眼睛上方的眼线连接得有多么自然。这也是本章的核心。

平常人一般都是化自然妆，一下子换成烟熏妆，除了本人觉得造作、不自然，家人和周围的朋友也总会说上那么一两句并不是非常客观的评价，反而是那些平常不太熟悉的人才能给予非常正确的、客观的评价。所以不要太纠结在熟人的评价上，可以在自己可

令人惊喜的
清纯烟熏妆

如果觉得烟熏妆塑造的就是那种非常厉害的大姐形象，那么你从现在开始就要试着改变一下这种想法了。只要调节好烟熏的强度，烟熏妆同样可以透出清纯可人的感觉。对于想要夜店感、又不失小女人感的人来说，这一节是非常好的教程，大胆地跟着一起试试看吧。

化妆工具

EYE（眼部）
圣罗兰 – 蒙德里安五色眼影 爱
魅可 – 单个眼影 暗金色、荞麦色
EYE LINER（眼线）
魅可 – 眼线胶 黑色
玫珂菲 – 防水眼线笔 黑色
乐玩美研 – 流线型眼线液 褐色、深褐色、深
黑色
BROW & CURL（眉毛和睫毛）
魅可 – 浓密炫翘防水睫毛膏
得鲜 – 眉粉 自然褐色
FACE（面部）
玫珂菲 – 紧致粉底液 11号
AIRTAUM – 遮瑕膏

ESSENSE – 腮红 90号
植村秀 – 幻彩胭脂 010号
魅可 – 矿质高光修容粉饼 深褐色
LIP（唇部）
纳斯 – 哑光唇笔 粉色
TOOL（工具）
魅可 – 239
毕加索 – FB 17、777、301、306、602、Pony14
VDL – 高光刷
悦诗风吟 – 眼线胶用化妆刷
LOHBS – 遮瑕刷
AIRTAUM – 假睫毛 娃娃眼
资生堂 – 睫毛夹
大创 – 竹签

❶

　　垂直竖立好晕色刷，不要弄弯刷毛，用刷毛尖点三下眼影。点的次数太多，涂在眼上容易造成晕妆现象。接下来的步骤中如果没有再说明如何用晕色刷蘸取眼影，那么都同此方法。

工具清单

A. 含有珠光的蜜桃驼色眼影

圣罗兰－蒙德里安五色眼影 爱

B. 晕色刷

魅可－239

❷

　　用晕色刷 B 的刷毛尖蘸取眼影 A 后，放在双眼皮线里面（单眼皮的人可以画成双眼皮的厚度），从眼角开始向眼尾方向来回刷 3~4 次（1 号范围）之后，将化妆刷放在刚才涂抹眼影的边线上，放松握住化妆刷的手，将剩下的眼影 A 涂抹在整个眼窝上，眉骨和眼角除外的眉毛的正下方（2 号范围），以之字形涂抹，越到后边，范围越要窄下来，来回涂几次。

工具清单

A. 含有珠光的蜜桃驼色眼影

圣罗兰－蒙德里安五色眼影 爱

B. 晕色刷

魅可－239

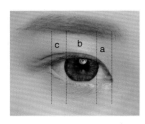

❸

　　将下眼线分为眼角部位的眼白 a、瞳孔 b、眼尾后的眼白 c 三份。

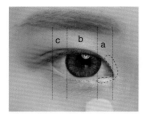

❹

　　用晕色刷 B 蘸取眼影 C 后，涂抹在上下眼睛 a 的范围里。眼角前面是一个非常小的躺卧的菜豆的形状。这里需要注意的是，涂抹的范围不要超过卧蚕，大约是刷毛尖的厚度。

工具清单

C. 含有珠光的粉色眼影

圣罗兰－蒙德里安五色眼影 爱

B. 晕色刷

魅可－239

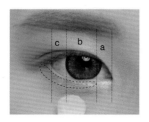

❺

　　用晕色刷 B 蘸取眼影 A 后，以跟 a 区相同的宽度涂抹下眼线 b、c 区。

工具清单

A. 含有珠光的蜜桃驼色眼影

圣罗兰－蒙德里安五色眼影 爱

B. 晕色刷

魅可－239

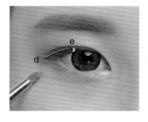

❻

　　用重点刷 E 蘸取眼影 D，不要脱离双眼皮线的范围，从后往前涂抹。然后将重点刷上剩下的眼影涂抹在下眼线的重点范围里。锁定出眼尾的开始点 d、瞳孔结束的结点 e，现在从红点开始向黄点移动化妆刷并晕开眼影，这时候要注意不要将眼影涂到双眼皮线外。

工具清单

D. 含有珠光的金褐色眼影

魅可－单个眼影 暗金色

E. 重点刷

毕加索－777

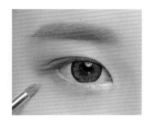

❼

将重点刷 E 上剩下的眼影 D 填充在下眼线的重点范围里。

工具清单

D. 含有珠光的金褐色眼影

魅可 – 单个眼影 暗金色

E. 重点刷

毕加索 – 777

❽

用眼线刷 G 蘸取眼影 F，干脆地放在睫毛根部，画出基本的眼线。

工具清单

F. 黑色眼线凝胶

魅可 – 眼线胶 黑色

G. 眼线刷

悦诗风吟 – 眼线胶用化妆刷

❾

眼尾也是用眼线胶 F 画出约 1 厘米长的眼尾。

工具清单

F. 黑色眼线凝胶

魅可 – 眼线胶 黑色

G. 眼线刷

悦诗风吟 – 眼线胶用化妆刷

❿

用眼线笔 H 填充下眼线，这样填充完才能够正确地掌握该如何矫正自己的眼睛。

工具清单

H. 黑色眼线笔

玫珂菲 – 防水眼线笔 黑色

⓫

正面看向镜子，在自然睁开眼睛的状态下，用眼线胶 F 再画一下眼线。

绝密小窍门

上眼线越厚，妆容就显得越浓，我们可以根据当天自己想要的妆容适度调节。

工具清单

F. 黑色眼线凝胶

魅可 – 眼线胶 黑色

G. 眼线刷

悦诗风吟 – 眼线胶用化妆刷

⓬

用重点刷 E 的刷毛尖蘸取眼影 D 后，从上眼线的整个边线到眼尾再烟熏一下，让眼线晕染得更自然。

工具清单

D. 含有珠光的金褐色眼影

魅可 – 单个眼影 暗金色

E. 重点刷

毕加索 – 777

⑬

用眼影 D 再画一下眼尾。

⑭

用重点刷 E 蘸取眼影 J，从眼尾的红点开始到瞳孔的结束部分为止，按照图中箭头所指方向沿着眼窝从后往前画，塑造渐变感，这个步骤可以让眼神更加幽深。

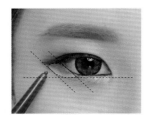

⑮

用眼线笔 K 涂抹下眼线的重点范围。

⑯

用重点刷 E 蘸取眼影 D 从眼角开始涂到瞳孔一半的部分为止，宽度大约是卧蚕的一半或三分之二。

⑰

用眼线液 L 填充睫毛的每个空隙，这时不能再涂之前画好的眼尾。

⑱

贴上假睫毛 M。

⑲

用睫毛夹 N 最大限度地卷出 C 形睫毛，然后上下睫毛涂上睫毛膏 P，如果上眼皮的内眼睑外露可以用眼线液 O 填充一下。

工具清单
N. 睫毛夹
资生堂 – 睫毛夹
O. 黑色眼线液
乐玩美研 – 防水眼线液 深黑色
P. 黑色睫毛膏
魅可 – 浓密炫翘防水睫毛膏 黑色

⑳

再次用睫毛棒 Q 整理一下 C 形卷，让睫毛看起来更光滑整洁。

工具清单
Q. 睫毛棒
大创 – 竹签

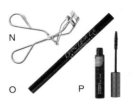

㉑

锁定腮红的涂抹范围：瞳孔后面的眼白或是不超过瞳孔的中间画一条竖线 a，距离眼睛下方 1.5 厘米左右的支点画一条水平线 b，从鼻尖开始画一条水平线 c，从三线相交点的内侧开始涂抹腮红 R。

工具清单
R. 桃红色腮红
ESSENCE– 腮红 90 号
S. 腮红刷
VDL – 高光刷

㉒

打上基本的阴影和高光。

工具清单
T. 高光
植村秀 – 幻彩胭脂 010 号
U. 高光刷
毕加索 – Pony 14
V. 阴影
魅可 – 矿质高光修容粉 深褐色
W. 阴影刷
毕加索 – 602

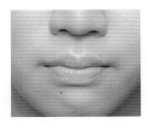

㉓

嘴唇上选择跟腮红不同的颜色会更显高贵，而且降低失败几率。

工具清单
X. 粉色口红
纳斯 – 哑光唇笔 粉色
Y. 唇刷
LOHBS – 遮瑕刷

㉔

眉毛不要画得太灵动了，用眉粉自然地画出来更好一些。

工具清单
Z. 眉粉
得鲜 – 眉粉盘 自然褐色
A-1. 射线刷
毕加索 – 301

跟 眼 型 无 关 的
日常烟熏妆

　　想要化一款烟熏妆，但又感觉自己的眼型不适合，因此没有勇气？接下来就教给大家非常适合日常来化的烟熏妆。比起涂抹的范围来，这款妆容更强调它的"线"和整洁中不失酷酷的感觉，对于单眼皮和双眼皮的人都非常适合，而且妆容看起来也不那么浓，很适合打造每天的日常妆。因为是强调自然感的烟熏妆，所以丝滑亚光肌底妆更适合此款妆容，不需要压制肤色，画出最自然的肌底妆才能更好地打造这款烟熏妆。

化妆工具

EYE（眼部）
衰败城市 – 一代裸妆眼影盘

EYE LINER(眼线)
植村秀 – 手绘眼线笔 黑色
魅可 – 眼线笔 纯润黑色

BROW & CURL（眉毛和睫毛）
奇士美 – 鼻影粉 01号
植村秀 – 砍刀眉笔 深褐色
魅可 – 持久纤长睫毛膏

FACE（面部）
玫珂菲 – 紧致粉底液 11号
AIRTAUM – 遮瑕膏
思亲肤 – 彩虹粉饼 4号
悦诗风吟 – 双色眼影 3号

LIP（唇部）
VDL – 口红 603号
思亲肤 – 唇膏 PK01号

TOOL（工具）
毕加索 – FB 17、Proof14、Pony14、102、501、108
魅可 – 217、219、239
魅可 – 粉饼刷
LOHBS – 遮瑕刷
蔻吉 – 睫毛夹 73号
大创 – 竹签
AIRTAUM – 睫毛 1号

❶

　　将沾有眼影 A 的晕色刷 B 的刷毛尖放在双眼皮线上，从眼角开始到眼尾来回涂抹 3~4 次。

❷

　　晕色刷 B 放在涂抹过眼影 A 的界面上，最大化地放松手部力量，用晕色刷上剩下的眼影涂抹整个眼窝。在眉骨和眼角除外的眼睛正下方位置，以"之"字形方式涂抹，需要注意的关键点是越往上走就越要放松手的力度。

❸

　　用眼影 A 涂抹卧蚕的一半或是 80% 左右的卧蚕厚度，整个下眼线都要轻薄地涂一层。

❹

　　将沾有眼线胶 C 的眼线刷 D 干脆地放在睫毛根部，画出基本眼线。先不要画眼尾。

绝密小窍门

　　如果眼睛前后往里凹，先不要填充睫毛根部，等到快化好妆时再用黑色眼线液填充空隙，持久力会更好。如果眼睛没有这种情况可以用眼线胶代替眼线液填充睫毛间的空隙。

❺

　　再用眼线刷 D 蘸取眼线胶 C 填满整个下眼睑，一般这个步骤都是在最后才画。不过初学者可以提前画，这样便于自己掌握整个眼睛的形状，及时矫正。

❻

　　在正面看向镜子的状态下，睁开眼睛画出一条长约 1 厘米的眼尾。

❼

用眼线胶 C 自然连接刚才画好的基本眼线和眼尾。图片中标注的地方如果略显凹凸不平，可以整理得干净整洁一些。

工具清单

C. 黑色眼线凝胶
植村秀 – 手绘眼线胶黑色
D. 眼线刷
毕加索 – Proof 14

❽

这是用眼线胶 C 整理过的干净眼线。

工具清单

C. 黑色眼线凝胶
植村秀 – 手绘眼线胶黑色
D. 眼线刷
毕加索 – Proof 14

❾

用眼线刷 D 上剩下的眼线胶 C 由内向外移动，填充下眼线的重点部分。如果眼线刷上没有剩下眼线液，需要再次蘸取眼线液，蘸取后一定要先在手背上刷几下，调整眼线刷上眼线胶的用量到几乎没有的状态，再涂抹才不会造成淤积现象。眼尾结束的地方先不要涂抹眼线胶，如图中黄色线所示，稍微留下一点，这样的妆容才更加适合亚洲人。

工具清单

C. 黑色眼线凝胶
植村秀 – 手绘眼线胶黑色
D. 眼线刷
毕加索 – Proof 14

❿

用扁平的晕色刷 F 的刷毛尖蘸取眼影 E，然后沿着上眼线和眼尾轻薄地晕染开，塑造烟熏感。因为不是渐变，所以可以使用含有珠光的眼影，需要注意的是，太过于闪光的眼影反而会显得有些土气。

绝密小窍门

可以根据自己的喜好用深褐色眼影代替。

工具清单

E. 珠光不强的黑色眼影
衰败城市 – 一代裸妆眼影盘 闪烁玛瑙
F. 扁平的晕色刷
毕加索 – 709

⓫

用重点刷 G 蘸取眼影 E，涂开下眼线的重点范围，塑造渐变感。

工具清单

E. 珠光不强的黑色眼影
衰败城市 – 一代裸妆眼影盘 闪烁玛瑙
G. 重点刷
毕加索 – 777

⑫

重点刷 H 蘸取眼影 E 后，以自然连接下眼线重点范围的方式涂抹在下睫毛的空隙之间。注意厚度不要超过下眼线的重点范围，否则容易让妆容瞬间变得很夸张。

绝密小窍门

根据眼睛的样子，空出中间部分，只涂在眼角和眼尾，效果会更好一些。

工具清单

E. 珠光不强的黑色眼影
衰败城市 – 一代裸妆眼影盘 闪烁玛瑙
H. 重点刷
毕加索 – 711

⑬

用重点刷 J 蘸取眼影 I 在步骤 9 中涂抹过的范围边界上再次涂开，塑造渐变感。范围在睁开眼睛后看起来2~3毫米之间，下眼线后侧三分之二处。

工具清单

I. 不含珠光的褐色眼影
衰败城市 – 一代裸妆眼影盘 哑致棕色
J. 重点刷
魅可 – 219

⑭

用重点刷 J 蘸取眼影 K，涂抹在下眼线三分之一的位置上，从眼角开始往后涂抹。

工具清单

K. 含有珠光的驼色褐色眼影
衰败城市 – 一代裸妆眼影盘 闪烁米色
J. 重点刷
魅可 – 219

⑮

将眼影 L 涂抹在眉骨上。具体方法是以最突出的部分为中心，涂抹在整个相关范围里。这样不容易造成晕妆，而且塑造的妆容更漂亮。

工具清单

L. 含有珠光的乳白色眼影
衰败城市 – 一代裸妆眼影盘 闪浅米白
M. 晕色刷
魅可 – 239

⑯

用重点刷 J 蘸取眼影 N，涂抹在眼窝上。

工具清单

N. 驼色眼影
衰败城市 – 一代裸妆眼影盘 香槟色闪金
J. 重点刷
魅可 – 219

绝密小窍门

1. 用睫毛夹卷过睫毛后，内眼睑有时会向外露出来，看起来很难看，这时可以用黑色眼线笔或是眼线胶填充一下。

2. 可根据自己的喜好贴上自己喜欢的假睫毛，塑造更具偶像般效果的睫毛。

⑰

用睫毛夹 P 最大限度地卷出 C 形睫毛，然后在上下睫毛上涂睫毛膏 O。虽然可以根据自己的喜好选择浓密型或是加长型睫毛膏，不过为了塑造出干净整洁的妆容，太过于浓密的睫毛膏还是不选择为好。

工具清单

O. 睫毛膏
魅可 – 持久纤长睫毛膏
P. 睫毛夹
蔻吉 – 睫毛夹 73 号

⑱

用睫毛棒 Q 梳理一下上下睫毛，让睫毛更光滑整洁。

工具清单

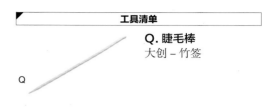

Q. 睫毛棒
大创 – 竹签

⑲

选用珠光较少或是可以自然提亮肤色的高光，塑造基本的高光，阴影也只要打一些基本的即可。

工具清单

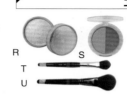

R. 高光
思亲肤 – 彩虹粉饼
S. 阴影
悦诗风吟 – 双色眼影 3 号
T. 高光刷
毕加索 – Pony 14
U. 阴影刷
毕加索 – 102

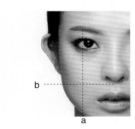

⑳

以侧面脸颊为主涂抹腮红 V。在黑眼球结束处画一条竖直线 a，鼻尖开始处画一条平行线 b，两线相交之点的左上部分就是要涂抹腮红的部位。

工具清单

V. 粉橙色腮红
魅可 – 腮红粉
W. 腮红刷
毕加索 – 108

㉑

化了烟熏妆之后眼睛看起来黑黑的，因此嘴唇和脸颊一定要打造得比较女人一点。比起裸色的口红，略微有点发红的蜜桃色口红更能带来明快感。

工具清单

X. 桃红色口红
VDL – 口红 603 号
Y. 唇刷
毕加索 – 501

㉒

以嘴唇的中间为主涂抹唇彩 Z，增加唇部的饱满度、光泽感和生机。如果不喜欢唇彩的粘腻感，可以避开上下唇的交界线涂抹，能在一定程度上解决这个问题。

工具清单

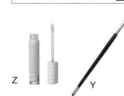

Z. 浅粉色唇彩
思亲肤 – 唇彩 PK01 号
Y. 唇刷
毕加索 – 501

增 加 阴 影

有深度的烟熏妆

　　并不是化了烟熏妆就一定会变身为"可怕大姐"，只要将阴影妆和烟熏妆很好地融合在一起，就可以打造一款"似阴影而非阴影"的烟熏妆。这样的妆容既能演绎出烟熏妆独有的强烈视觉感，又增加了氛围感，并且可以作为日妆使用。稍微在阴影上花点心思，让颈部和面部的肤色一致，最大限度地使颜色自然融合在一起，是这款妆容的重点。

化妆工具

EYE（眼部）
AIRTAUM – 眼影 古铜色，褐色石头
玫珂菲 – 眼影 M646 号

EYE LINER（眼线）
乐玩美研 – 流线型眼线笔 黑色

BROW & CURL（眉毛和睫毛）
得鲜 – 眉粉 自然褐色
魅可 – 持久纤长睫毛膏

FACE（面部）
玫珂菲 – 紧致粉底液 10号
思亲肤 – 彩虹粉饼 4号
魅可 – 矿质高光修容粉饼 深褐色
AIRTAUM – 遮瑕膏

LIP（唇部）
玫珂菲 – 柔色霓彩唇膏 51号
纳斯 – 唇膏 粉色

TOOL（工具）
毕加索 – FB17、102、709、777、301、Pony14
魅可 – 217、219
LOHBS – 遮瑕刷
大创 – 竹签
资生堂 – 睫毛夹

❶

　　垂直竖立起晕色刷 B，用刷毛尖点三下眼影。将刷毛尖放在双眼皮线上，从眼角开始到眼尾为止来回涂抹 3~4 次。

工具清单

A. 不含珠光或是含有极细珠光的浅褐色驼色眼影

AIRTAUM – 眼影
古铜色

B. 晕色刷
魅可 – 217

❷

　　放松握住化妆刷的手，将化妆刷上剩下的眼影涂抹在整个眼窝上，除去眉骨和眼角，到眼睛正下方，以之字形方式来回涂抹。

工具清单

A. 不含珠光或是含有极细珠光的浅褐色驼色眼影

AIRTAUM – 眼影
古铜色

B. 晕色刷
魅可 – 217

❸

　　用眼线笔 C 画一条基本的眼线，先不要画眼尾。

工具清单

C. 不含珠光的黑色眼线笔

乐玩美研 – 流线型
眼线液 黑色

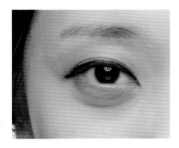

❹

　　用眼线笔 C 水平画出一条约 1 厘米长的眼尾，不需要费心地去画一条比较细的眼尾，反正都是要烟熏开的，所以画了也没有意义。

工具清单

C. 不含珠光的黑色眼线笔

乐玩美研 – 流线型
眼线液 黑色

❺

　　用晕染刷 E 蘸取眼影 D，然后沿着基本眼线自然烟熏开边界线。厚度不超过双眼皮线。

工具清单

D. 不含珠光的深褐色眼影

AIRTAUM – 眼影
褐色石头

E. 晕染刷
毕加索 – 709

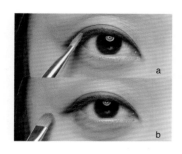

6

比较一下前一步骤中画的眼线 a 和烟熏过的状态 b。是不是能够看到依靠刷子自身的厚度，双眼皮线基本都已经被填满了呢？

7

用晕染刷 E 蘸取眼影 D，晕开眼尾。用眼影晕开眼线笔画出的人为感比较强烈的尖细眼尾，让眼睛看起来更为自然。

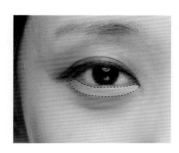

8

用小号重点刷 G 沾眼影 F 涂抹卧蚕厚度的一半或是 80%，这时一定不要弄弯刷毛尖，用刷毛尖窄窄地涂一层即可。这样才不会越过卧蚕，涂抹到卧蚕外面。

9

用眼线笔 C 填充下眼线，越是到瞳孔处，握住眼线笔的手越要放松，这样才能让笔的浓度自然变浅，减轻刻意感。

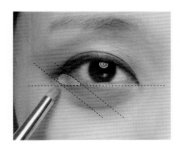

10

用重点刷 H 的刷毛尖蘸取眼影 D，从下眼线重点范围的内侧开始，塑造渐变感。

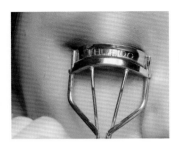

⓫

用睫毛夹卷出自然卷翘的C形睫毛。

I. 睫毛夹
资生堂 – 睫毛夹

I

⓬

用睫毛夹卷过睫毛后，有时眼睑会按照眼睛的形状露出来，这时可以用黑色眼线笔C填充一下。

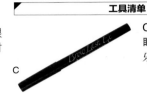

C

C. 不含珠光的黑色
眼线笔
乐玩美研 – 流线型
眼线笔 黑色

⓭

在上下睫毛涂上睫毛膏J之后，再次用睫毛棒K梳理一下C形卷，让睫毛看起来更光滑整洁。

J   K

J. 睫毛膏睫毛膏
魅可 – 持久纤长睫
毛膏
K. 睫毛棒
大创 – 竹签

⓮

眉毛不要画得太细，眉毛的边缘不要太清楚，越自然越好。

L

M

L. 褐色眉粉
得鲜 – 眉粉 自然褐
色
M. 射线刷
毕加索 – 301

❺

用高光刷 O 蘸取几乎没有珠光的高光产品，或是能够提亮肤色的修容粉 N，打上基本的高光。然后蘸取阴影 P，要涂抹得比平常清楚一些，可以省略腮红，但要强调出轮廓。

工具清单

N. 高光
思亲肤 – 彩虹粉饼 4 号
O. 高光刷
毕加索 – Pony 14
P. 阴影
魅可 – 矿质高光修容粉
　　　　深褐色
Q. 阴影刷
毕加索 – 102

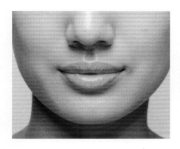

❻

用唇刷 S 蘸取略浅一些的蜜桃色或是粉色的口红 R 塑造层次感，然后再将唇彩 T 涂在嘴唇内侧，塑造丰盈感。

工具清单

R. 桃红色、粉色口红
玫珂菲 – 柔色霓彩唇膏 51 号
S. 唇刷
LOHBS – 遮瑕刷
T. 粉色唇彩
纳斯 – 唇彩 粉色

闪亮动人的
女子组合烟熏妆

　　女子组合里的明星们会用多种珠光褐色眼影，打造让眼睛看起来非常有神、还非常闪亮动人的烟熏妆。想要打造这款妆容，肌底妆的重要性不亚于眼妆，因此能遮住面部斑痕和泛红，比自己肤色亮半个色的肌底妆会更好一些。在照明灯的映射下，是能够看见肤色的，所以要在修容方面要多费点工夫。丝滑亚光基底妆更适合这款妆容。

工具清单

EYE（眼部）
魅可 - 星炫五色眼影盘 07 号
EYE LINER（眼线）
乐玩美研 - 防水眼线液 深黑色、黑色
魅可 - 眼线胶 黑色
BROW & CURL（眉毛和睫毛）
得鲜 - 眉粉 自然褐色
魅可 - 持久纤长睫毛膏
FACE（面部）
玫珂菲 - 紧致粉底液 11 号
珂莱欧 - 高光 粉色
思亲肤 - 彩虹粉饼 4 号

魅可 - 矿质高光修容粉饼 深褐色
LIP（唇部）
魅可 - 时尚唇膏
PARIS BERLIN - 遮瑕蜡笔 CR217 号
TOOL（工具）
魅可 -239、219
毕加索 - FB17、Pony14、Proof14、709、777、102
LOHBS - 遮瑕刷
AIRTAUM - 假睫毛 深褐色
大创 - 竹签
资生堂 - 睫毛夹

❶

　半眯眼睛，用晕色刷 B 蘸取眼影 A 后涂抹整个双眼皮，涂抹到看起来跟眼影盘上的颜色一致为止。在接下来的步骤中，如果没有再提到如何用化妆刷蘸取眼影，那么请垂直竖立起化妆刷，用刷毛尖点三下眼影。

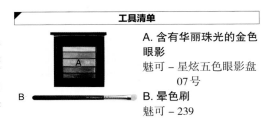

工具清单
A. 含有华丽珠光的金色眼影 魅可 – 星炫五色眼影盘 07 号 B. 晕色刷 魅可 – 239

❷

　用重点刷 D 蘸取眼影 C 涂抹在整个眼窝上。

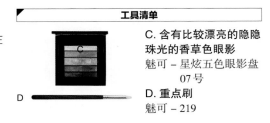

工具清单
C. 含有比较漂亮的隐隐珠光的香草色眼影 魅可 – 星炫五色眼影盘 07 号 D. 重点刷 魅可 – 219

❸

　用重点刷 D 上剩下的眼影 C，再次叠加涂抹在步骤 2 的范围里，打造渐变层次感。

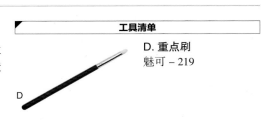

工具清单
D. 重点刷 魅可 – 219

❹

　用化妆刷 F 蘸取眼线胶 E，画出基本眼线。这里需要注意画出来的眼线不能太宽，不能挡住之前涂抹过眼影 A 的金色珠光。

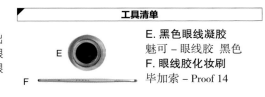

工具清单
E. 黑色眼线凝胶 魅可 – 眼线胶 黑色 F. 眼线胶化妆刷 毕加索 – Proof 14

❺

　用眼线胶 E 沿水平方向画一条 1~1.5 厘米长、略微上扬的眼尾，要最大限度画得细一点。

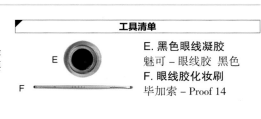

工具清单
E. 黑色眼线凝胶 魅可 – 眼线胶 黑色 F. 眼线胶化妆刷 毕加索 – Proof 14

❻

　用化妆刷上剩下的眼线胶 E 从下眼线眼尾往里凹进去的部分（黄点）开始到瞳孔的轮廓（蓝点）为止，画一条略圆的眼线。除去瞳孔下面的位置，眼角部分的下眼线也填充一下。如果化妆刷上没有剩下眼线胶，可以再略微蘸取一点。

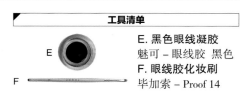

工具清单
E. 黑色眼线凝胶 魅可 – 眼线胶 黑色 F. 眼线胶化妆刷 毕加索 – Proof 14

❼

晕染刷 H 上蘸取眼影 G 后，把刚才涂抹过的眼线和整个眼尾晕开，塑造出烟熏感。需要注意的是，不能晕开得太厉害，这样容易让眼线变宽，让之前涂抹过的金色眼影变得比较暗。

工具清单

G. 不含珠光的接近黑色的眼影

魅可 – 星炫五色眼影盘
07 号

H. 晕染刷
毕加索 – 306

❽

晕色刷 J 蘸取眼影 I 后，在步骤 6 里画出的下眼线重点范围的边界线塑造烟熏感。不要覆盖整个范围，跟刷毛尖的厚度一样即可。

工具清单

I. 显色度不是很好的卡其色和褐色眼影

魅可 – 星炫五色眼影盘
07 号

J. 晕色刷
毕加索 – 709

❾

用晕色刷 J 再次蘸取眼影 G 之后，在下眼线的眼角部分也稍微塑造一下烟熏感，厚度大约跟刷毛尖厚度一样即可。这个步骤结束后就只剩下下眼线的中间部分没有涂抹过眼影。

工具清单

G. 不含珠光的接近黑色的眼影

魅可 – 星炫五色眼影盘
07 号

J. 晕色刷
毕加索 – 709

❿

用重点刷 K 蘸取眼影 I 后，涂抹开之前涂抹过眼影 G 的边界线即可。

工具清单

I. 显色度不是很好的卡其色和褐色眼影

魅可 – 星炫五色眼影盘
07 号

K. 重点刷
毕加索 – 777

⓫

用重点刷 D 蘸取眼影 L 后，从步骤 10 里涂抹眼影结束的地方开始到眼睛结束的地方为止横向移动，塑造烟熏感。注意涂抹的宽度大约是卧蚕宽度的三分之二就可以，涂抹得太宽，容易让眼睛看起来往里凹陷。

工具清单

L. 混合极小珠光的褐色和驼色眼影

魅可 – 星炫五色眼影盘
07 号

D. 重点刷
魅可 – 219

⓬

在睁着眼睛看向正前方的状态下，沿着眼窝只在眼睛后面涂抹眼影 L，增加眼睛深邃感。

工具清单

L. 混合极小珠光的褐色和驼色眼影

魅可 – 星炫五色眼影盘
07 号

D. 重点刷
魅可 – 219

⓭

化比较浓的妆，容易出现眼影粉掉落的情况，弄花精心打造好的妆容。这时候要用化妆刷 M 及时地扫掉散落的眼影粉。如果错过时间，浮粉容易贴在脸上，要注意这一点。

绝密小窍门

化浓妆时，在眼睛的肌底妆化完时直接化眼妆，之后再化整个脸部的肌底妆会更好一些。

工具清单

M. 化妆刷
毕加索 – Pony 14

M

⓮

用眼线液 N 填充上睫毛有空隙的地方，然后用眼线笔 O 填充一下外露的眼睑，再粘上假睫毛。

工具清单

N. 黑色眼线液
乐玩美研 – 防水眼线液 深黑色
O. 黑色眼线笔
乐玩美研 – 眼线笔 黑色
P. 假睫毛
AIRTAUM – 假睫毛 深褐色

⓯

用睫毛夹打造出 C 形卷翘睫毛，然后从上下睫毛的根部开始涂上睫毛膏。等睫毛膏干了后再刷一遍，让睫毛看起来更浓密动人。

工具清单

Q. 睫毛夹
资生堂 – 睫毛夹
R. 黑色睫毛膏
魅可 – 持久纤长睫毛膏

⓰

再次用睫毛棒整理一下睫毛，让睫毛更顺滑、更牢固。

工具清单

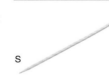

S. 睫毛棒
大创 – 竹签

⓱

此步骤中需要活用腮红，将其当作高光来使用。用高光刷 M 蘸取腮红 T，涂在前侧脸颊，范围略微宽一些。

工具清单

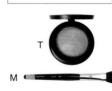

T. 色感较强的粉橙色腮红
珂莱欧 – 高光 粉色
M. 高光刷
毕加索 – Pony 14

⑱

扫掉前一步骤中的残留物之后，用高光刷 M 蘸取修容粉 U 在脸上打上高光。

⑲

虽然只打上基本的阴影也可以，但如果需要打造出颧骨侧面的深度感，就要在颧骨部分多下点工夫了。

⑳

用遮瑕笔 X 整理好嘴唇的形状后，用唇刷 Z 蘸取口红 Y 涂在双唇上。

㉑

用晕色刷 B 蘸取腮红 T，略微在唇峰上点一下，强调一下嘴唇。

补妆

很多人误认为只有那些皮脂分泌比较多的油性肌肤才需要补妆。油性肌肤需要补妆并不是因为时间吃掉了妆容，而是因为分泌出的油脂稀释了妆容，让妆容看起来像没有了一样，其实之前涂抹过的产品的量并没有多少变化。事实上，干性肌肤才会容易让肌肤的妆"飞走"。干性肌肤基本上都是油分不足的，因此随着时间的推移，为了补充不足的油分，肌肤就会吸收掉肌底产品里的油分。肌底产品是由油分和粉混合而成的，如果油分被肌肤吸收掉了，脸上也就只剩下粉了。没有了油分的支撑，粉就没有了附着力，当受到外界刺激时，就很容易掉。因此，干性肌肤在化妆之前一定要彻底地做好基础护肤才行，保持肌肤自身的水油平衡。不管是干性肌肤还是油性肌肤，一定要铭记两个重点：第一，如果想要妆容跟肌肤类型无关，一整天都保持干净整洁，到了下午就一定要补一次妆；第二，补妆时一定要做过保湿护肤后再涂抹肌底产品。没有一天 24 小时能够持久保湿的化妆品，要像早上化妆一样，作好充分的保湿护理再补妆，尽量让肌肤更光滑一些。

❶

用纸巾轻轻按压油分比较多的部分，擦掉不需要的油分，主要是脸颊、额头、鼻子和下巴部位。

❷

干性肌肤可以用含有油分的保湿喷雾，油性肌肤可以在整个面部喷一些质地比较水润的保湿喷雾。喷完后不要用手拍打，就那么放着就可以了，在涂抹基底产品时再一起拍打至吸收。

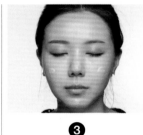

❸

去除油分后，在脸颊、额头、鼻子和下巴上点上一些润肤乳。油性肌肤可以省略这一步。

绝密小窍门

比起浓稠的霜质类型的产品，倒出来后会自然流淌的乳液类型的产品会更好一些。

❹

用干净的手将刚才点在脸上的润肤乳由内向外涂抹开。这时候不需要让它吸收，所以不用拍打，只要轻轻地涂抹开就行。

❺

放松握住菱角海绵的手，用海绵的粗糙面由内向外轻轻扫一扫，这样基底产品就会被菱角海绵推到面部外侧。

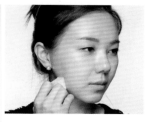

❻

用菱角海绵扫掉刚才被推到面部外侧的产品残留物。可能有人就会问："为什么不用清水洗掉原肌底产品呢？"因为用这样的方法更容易上妆，而且肌肤看起来会更加光滑。

❼

这时候就需要涂抹防晒霜。可以选择含有防晒功能、便于携带的基底产品。最近大部分气垫 BB 霜都具有防晒功能，可以用它来代替防晒霜。

❽

用气垫蘸取气垫 BB 霜或是粉底产品后涂抹在脱妆部位。要像盖章一样轻轻点触式按压肌肤，为肌肤遮瑕。

❾

如果有分界线，可以用气垫将其轻轻拍打开，并晕染开分界线。这时候不要对腮红、高光、眼影等花费心思，只想着你是在化基底妆，认真涂抹就行了。

❿

鼻子是需要追加涂抹的部位。用遮瑕膏涂抹在整个鼻子，遮住鼻孔周围泛红的地方。如果觉得随身带着遮瑕化妆刷不方便，也可以用手指或是棉棒轻轻点开之后，再用对折的气垫轻轻按压留下的手印以及没有涂开的遮瑕膏。

⓫

如果想要提高基底产品的附着力，可以在局部使用散粉。使用跟指头一般大小的化妆刷，蘸取散粉后涂抹在比较容易脱妆的鼻子周围，或是前侧脸颊，并轻轻按压。也可以用气垫蘸取散粉后涂抹。

⓬

打上基本的高光、阴影和腮红。

⑬

现在基础的补妆已经结束了，接下来就要对重点部分进行补妆了。眉毛的眉尾部分比较容易掉妆，需要整理一下。

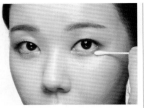

⑭

如果眼妆只是略有一点浮妆，就不需要进行大范围的补妆，只要将干棉棒放在浮妆的部位，用非常小的力度扫一扫即可。注意手不要用力，不要拉动肌肤，就像扫掉眼睛周围渗到皱纹里的化妆品残留物一样，由内向外扫掉浮起的产品。

⑮

眼妆浮妆现象比较严重时，只用棉棒扫一次是很难去掉的。可以用干净的棉棒在肌肤上面转几下，反复扫几次。棉棒脏了可以再换新的，不要担心浪费，新棉棒对肌肤的刺激更小。

⑯

眼睛周围比较干燥、浮妆现象比较多时可以随身携带少量的眼霜或润肤乳。将眼霜或润肤乳点在手背上，再用棉棒蘸取后擦一下眼睛。

绝密小窍门

眼霜蘸取得太多，吸收会很缓慢，所以需要调节好用量。

⑰

用第四个手指，也就是无名指轻轻拍打眼睛，促进肌肤吸收眼霜。

⑱

修补眼妆时，大致会分为两种类型：眼尾浮妆和双眼皮浮妆。可以根据部位的不同用棉棒滚动式整理后，再次涂抹基本的眼影。

⑲

用化妆刷蘸取基本的眼影后，用跟早上化妆时一样的方法涂抹。

⑳

再涂抹一些中性的眼影和重点眼影。

㉑

用再次涂抹基底产品时使用过的气垫轻轻按压嘴唇的最外侧，遮住唇线。因为气垫上多少会留下一些产品，所以不必非要再重新蘸取。…

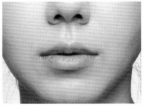

㉒

再涂一下唇部用品就可以结束补妆的步骤了。

绝密小窍门

涂了口红去外面吃饭时，应小心而优雅，尽量只吃掉嘴唇内侧的口红。如果只是嘴唇内侧的妆被吃掉了，可以去掉残留在嘴唇上的饭渣之后，用棉棒沾一些唇膏，滚动涂抹在嘴唇内侧，这样补妆会简单一些。

摄影赞助（按照姓氏排列）

803 工作室
www.803studio.com
TEL 010-7241-8147

Dellaveil
www.dellaveil.co.kr
TEL 02-6326-3279

marry n mari
www.marrynmari.co.kr
TEL 070-8243-5876

MAY BLOSSOM
（服装品牌）
www.may-blossom.com
TEL 070-7847-3555

SAMCHIC
http://blog.naver.com/
samchic77
TEL 02-518-0377

chaikim
blog.naver.com/
tchaikim
TEL 02-736-6692

夏莜之花工作室
http://hf-blog.com
TEL 070-7622-7590

夏路礼服
www.harudress.com
TEL 070-7737-8390

后记

"啊！真的不行了，真的做不到！"

在编写这本书的时候，这句话每天都会从我口里喊出来好几次。看着每天被排得满满的化妆课程表，加上还要准备新品上市，我 24 小时不停歇地忙也忙不过来，何况还要编著这本书，真的觉得筋疲力尽。即便如此，我也没有放弃这项事业，就是因为想要让那些害怕化妆的人"能够在期望中得到乐趣"。

因着这个小小的期望，我初生牛犊不怕虎地开始了这项事业。不知不觉间我的化妆课已经走过了 4 个年头，这成就感不亚于通过博客与无数人交流所得到的喜悦，这对我来说有特别的意义。因为这是一个可以更加近距离地与众人一起分享苦恼，并寻找解决方法的空间。

一开始，来上我的化妆课的学生十之八九都是带着茫然和忐忑之心的，而到课程快要结束的时候大都开始对化妆非常感兴趣了。我就会想："这么快就陷入对化妆的喜爱中，为什么一开始那么害怕化妆呢？"之后，在某个瞬间，我找到了答案——那就是很多人一开始就想要学会非常完美的妆容，带有急功近利的心，"心急吃不了热豆腐"这话是非常有道理的。

因为互联网及各种媒体的发展，许多我们还没有触及过的美容课程和化妆课程如雨后春笋般不断出现，其中彩妆课程占了非常大的比重。而新手想要跟着做并不是件很容易的事，因为完整妆容的难点不是只有一两个。如果没有一定基础，毫无计划地跟着做，即使可以在一定程度上学会，之后也会再次碰壁。"我

这个人笨手笨脚""化妆还是要靠脸的底子""这个模特本来就漂亮"，随着挫折感的增加，很多人也就逐渐放弃了。

如果你还是满足于不易改变的半永久性眉毛、将粉底涂抹在整个脸上、用唇液塑造出生机的"三合一"化妆方法，那么就应该稍微改变一下这种想法了。一开始可能会觉得有些难，但是如果从基础理解，那么化妆就不会是一件难事。在我的化妆课上或是微博中，经常有人问我："我真的可以做到吗？"这里我可以肯定地给出答案："是的！"

走在路上时我会留心观察别人的面部，这也是我的职业病。虽然不是有什么特别意图，就仅仅是想在那个人的脸上化上一个更合适的妆容。这并不是想把那个人脸上的整个妆容都改掉，而是想"她的那个部位挺有魅力的，如果再表现得灵动一点会更好"，"那个部位再稍加掩饰一下，整个脸就会变得更有生机了"，等等。其实有时候化妆并不是改掉整个妆容，有时只要改掉一个部分也可以让整体氛围变得不一样。

初学者要放弃一开始就想要化好整个妆容的想法，要带着"今天只要画好眉毛就行，明天只要画好腮红就很好"的想法，从每天只练习一种技法去开始吧！这样，不知不觉中，你就能学会所有化妆的手法。如果为了化妆可以单独拿出一些时间会更好，不过这好像不太现实。我想要教给大家的方法就是在卸妆之前拿出 5 分钟的时间，练习之后再卸妆洗漱，这样早上起来化妆时，对于昨晚练习过的地方会更熟悉，也能化得更好一些。这样一部分一部分娴熟起来，最后

就能将各个部分完美地组合起来，相信持续地努力后，这一天很快就会到来的。

强调视觉效果的彩妆看起来非常漂亮，但对初学者而言，会有很多难学的地方。因此这本书把重点放在了基础的层面上，并且更注重教大家普遍、易学的内容。我觉得只要大家对这本书里的基本功掌握后，都可以通过重新组合的方法化出适合特别日子的彩妆，甚至是比较华丽的妆容。

上彩妆课或是听化妆讲座是一种美好的享受。这能够让更多的人了解如何描绘自己美丽的形象，让自己变得更加漂亮。对化妆感兴趣的本身就让我们非常幸福，冲劲满满。为了让所有人都能够自信地化好妆，我的讲座也会一直持续下去。真心地将这本书送给过去的、现在的以及将来的会跟我在一起的所有人——爱化妆和不久就会爱上化妆的你们。非常谢谢你们！

—— 俞火理

图书在版编目（CIP）数据

化妆女神：从初学到高手 / (韩) 俞火理著；陈晓宁译. -- 青岛 : 青岛
出版社, 2016.5
　　ISBN 978-7-5552-3852-2
　　Ⅰ. ①化… Ⅱ. ①俞… ②陈… Ⅲ. ①女性—化妆—基本知识 Ⅳ. ①TS974.1
　　中国版本图书馆CIP数据核字(2016)第123357号

山东省版权局著作权合同登记号　图字：15-2016-80号

书　　名	化妆女神：从初学到高手
著　　者	［韩］俞火理
译　　者	陈晓宁
出版发行	青岛出版社
社　　址	青岛市海尔路182号（266061）
本社网址	http://www.qdpub.com
邮购电话	13335059110　0532-68068026
策　　划	刘海波　周鸿媛
责任编辑	王　宁
特约编辑	刘百玉　李德旭
装帧设计	古涧文化
照　　排	青岛乐喜力科技发展有限公司
印　　刷	青岛海蓝印刷有限责任公司
出版日期	2016年10月第1版　2018年9月第9次印刷
开　　本	16开（890mm×1240mm）
印　　张	16
字　　数	180千
印　　数	50141~55790
图　　数	1197
书　　号	ISBN 978-7-5552-3852-2
定　　价	45.00元

校印装质量、盗版监督服务电话：4006532017　0532-68068638

建议陈列类别：服饰美容类　时尚生活类